都市と地方をかきまぜる

「食べる通信」の奇跡

高橋博之

光文社新書

The style of "Taberu Tsushin"
by Hiroyuki TAKAHASHI
Kobunsha Co.,Ltd.,Tokyo 2016:08

はじめに

都会と田舎のいいとこ取り

背広に議員バッジをつけて議場で質問していた自分が、よもや東京の漫画喫茶でタオルケットにくるまって寝る日が来ようとは、五年前には想像もしなかった。

二〇一一年七月、東日本大震災の四カ月後、私は岩手県議会議員辞職願を提出し、翌八月に告示された岩手県知事選挙に出馬した。ところが一六万票獲得するも次点で落選。

その一年後、それまで県議二期六年間を支えていただいた後援会を解散し、政界引退を表明。議員在籍中に計四八五回、県内各地を回りながら生産者を中心に住民の声を膝詰めで聴き続けた「車座座談会」の経験から、被災地をはじめとする東北の一次産業をなんとかしたいと思い、後述する都市住民（消費者）と地方の生産者をつなぐ事業を新たに始めた。以来、東京と東北の農漁村を約二〇キロのキャリーケースを引きずりながら、夏は雪駄で、冬は長靴で行き来する毎日だ。東京では漫画喫茶やカプセルホテル、ビジネスホテルに泊まり、農漁村では農家や漁師の家や民宿に寝泊まりしている。昨年は一年間で一八〇回移動した。

都会と田舎を行ったり来たりしている中で、私自身、いろいろなことを考えさせられた。東京は人間が溢れ返っているのに、知り合いと会うことはまずないので人目が気にならない。一度雪駄の鼻緒が切れて、しばらく裸足で都心を歩いたことがあったが、意外と平気だった。人と関わる煩《わずら》わしさが少ない分だけ気楽だが、孤独な世界でもある。

一方、狭いコミュニティの田舎は、家族、親戚、地域住民、仕事仲間、同級生など、知り合いの眼差しに常にさらされているだけに、気が抜けない。かつて顔を売ることを生業《なりわい》にしていた私にとっては、なおさらだ。でも気心知れた人たちの中にいることには、おさまるところにおさまる安堵感もある。

東京には買い物や飲食をしようと思えばありとあらゆる店がそろい、時間帯も気にせずに刺激と欲求を満たすことができる。しかしその街並みは人工物で埋め尽くされ、直線の世界が広がる。コンクリートや高層ビルに囲まれていると、息苦しさを感じ、人混みにも疲れる。だから東京にいるときは、早朝三時に起きて皇居をぐるっと散歩するなどしている。さすがにその時間帯の皇居周辺は静寂で、薄暗く、自分の他に歩いている人間は誰もいない。夜空にきらめく星だったり、皇居のお堀の水面に映るお月さんだったり、風がなで揺らす木々の葉っぱだったり、自然を身近に感じることができる。

田舎にいたらそもそも人の姿もまばらだし、山や川、森、木、畑、海も近くにある。動物や昆虫もそのへんを歩いているので、わざわざ散歩などしなくても済む。でも刺激や欲求を満たす場は制限されていて、退屈といえば退屈である。偶然の出会いも少ない。

いってみれば私はここ数年、都会と田舎の「いいとこ取り」をしている。それぞれにはそれぞれのいいところと具合の悪いところがある。どちらにも定住していないので腰は座っていないが、自分の中でうまいことバランスはとれているような気はする。双方を見比べることで、今日いわれている「地方創生」の文脈とは違う現実も見えてきた。

都会での生活は一見快適なようだが、実はバランスをうまくとることに苦慮している人々がたくさんいることを知った。都会に暮らす自分に納得し満足しながらも、都会では埋めることができない「何か」を田舎に求める人々。そこにはある種の欠乏感があるように感じられた。その欠乏感は一体どこから生まれているのだろうか。私はその答えを求めて、県議時代の車座座談会を再開し、都市住民との対話を一〇〇回以上繰り返してきた。

そこで感じたのは、ふたつの「見えない檻《おり》」の存在だった。そしてその檻に閉じ込められた都市住民の閉塞感、窮屈感であった。

都市住民のふたつの「檻」

今日の都市住民が幽閉されているのは、「自由の奴隷」ともいうべき檻だ。

本来人間にとって、家族との関わり、他人との関わり、地域との関わり、自然との関わりは面倒なものである。なぜなら家族も他人も地域も自然も、自分の思い通りにならないからだ。そうした関わりに縛りつけられ、抑圧され、翻弄されていた田舎の「個」が自由を求め、それらの関わりを断ち切って、都会に出ていったのが戦後の日本だった。

しかし人間はひとりでは生きていくことができない。家族や地域のつながりに助けられ、自然が生み出す食べものに命を支えられ、私たちは生きている。それまでの土着由来の関わりを手放し都会に出てきた人々は、その関わりの代わりとなるサービスや財をお金で購入し、自由と両立させてきた。しかし「失われた二〇年」という経済失速の中で、その両立が困難となり始めている。

都会で自由な暮らしを送りながら、孤独や飢餓を避けるためにはお金が必要であるが、そのお金がこれまでのように潤沢に回らなくなっている。過酷な残業や非正規雇用などに見るように、体に鞭打って馬車馬のように働けど収入は上がらず、時間だけが労働に拘束されていく人々が増えている。子どもと過ごす余裕、趣味に費やす余裕もなく、自由を維持するためにどんどん不自由になっていく。田舎から解き放たれたはずの「個」は「孤」へと転落し、その姿は、まるで自由の鎖につながれた「自由の奴隷」のようだ。

もうひとつ都市住民が囚われているのは、「生きる実感の喪失」という檻だ。それもまた日常生活の利便性を極限まで追求してきた私たち自身がつくり出したものといっていい。私たちは、自らの手で自らをこの見えない鉄格子の中に幽閉させている。

都会は人間がコントロールできない自然を排除し、人間が設計した人工物でつくられている。一日中パソコンの前で数字とにらめっこし、頭ばかりを使って働いている人が多い。この状態を養老孟司さんは、「脳化社会」と呼んだ。人間がどんどん頭でっかちになっていると。そして、身体感覚が失われていると。

人間がつくるものを人工物、人間がつくれないものを自然と定義すれば、私たちの体も本来は自然である。だから自然の中に体を置くと、気持ちがよいと感じる。自然がない都会で頭ばかり使っていると、頭と体の均衡が崩れ、心が健康でなくなり、命の心地が悪くなる。

ある大企業では、社員研修で耕作放棄地の開墾をさせているという。少し前であれば、それは社会貢献という文脈で行われていたプログラムだが、今では社員のメンタルヘルスの維持のため、つまりは企業防衛のために行われているというのだ。

生物としての身体感覚が弱くなり、生きる実感がわかない都市住民たち。その数は急増している。こうして都市住民は、もうひとつの「見えない檻」の中に閉じ込められてしまったのだ。

都会を捨てて田舎に戻れない地方出身者のために

こうして「いいとこ取り」の生活を続けてくると、今日最大の政治課題のひとつといわれる「地方創生」についても、今までとは違った視点で考えるようにもなった。

これまで語られていた「地方創生」の問題点は、人口減少、高齢化にあえぎ、消滅の危機に瀕する地方をどうするかがテーマだった。衰退著しい農漁村の多くは、限界集落という問題に直面しつつある。この事態をなんとかしようと国をあげて対策を立てるのが「地方創生」だと思われてきた。私もかつて地方議員として、弱る一方のふるさとを立て直したいとの思いで、農漁村の疲弊に向き合ってきた。

けれど、「いいとこ取り」の生活の中で気づいたことは、前述のように都会も、いや、むしろ都会の方がより行き詰まっているのではないだろうかということだった。一見きらびやかに輝く都会も一皮むけば、人々の生きづらさは増し、生きる力は減退し、限界都市とでもいえるような惨状が表出している。そしてこの国の中心で都市住民が渇望する「人、地域、自然との関わり」や「生きる実感」が、実はこの国の辺境で苦しみ悶える地方の農漁村に残っていることにも、はたと気づかされたのだ。

田舎から出てきた都会の人々、あるいは田舎を喪失してしまった都会の人々は、かつて捨てたはずの田舎を振り返り、「関わり」や「生きる実感」が当たり前のようにある暮らしを懐かしそうに眺めている。それでも都会の暮らしをリセットして田舎に戻れるかとなれば、それもできない。一度味わってしまった都会の自由で快適な暮らしは、おいそれとは捨てられない。

都会と田舎。その狭間で大きく揺れ動いている都市住民たち。彼らの脳裏では、都会と田舎、便利さと豊かさ、そのどちらを選ぶかという二項対立が渦を巻いている。けれど今、都会も田舎も行き詰まり、どちらかを選ぶのがより困難になっている。

そこで私は思った。どちらかを選ぶのではなく、この揺れ動きをそのまま抱きしめるような生き方や社会のあり方を模索すればいいのではないか、と。

都会と田舎、それぞれに強みと弱みがある。個人を重視する外に開いた風通しのよい都市社会と、共同体を重視する内に閉じた相互扶助意識の強い地方社会。このふたつの社会はこれまで相容れないものとされてきた。けれども本当に相容れないものなのだろうか。このふたつが一部分でも重なり合うような社会、都会と田舎の価値をパラレルに享受できるような生き方はできないのだろうか。

地方創生の問題を地方の問題にとどめず、都市の問題も包含するスケールで捉えることで、この国が直面している難問への解答に近づけるのではないかと、私は考えるようになったのだ。

団塊ジュニア世代に生まれて

ここで自分の背景についても触れておきたい。

戦後日本の飛躍と共に生まれ育った第一次ベビーブーム世代、いわゆる団塊世代の子どもたちは、第二次ベビーブームで産み落とされた団塊ジュニア世代と呼ばれた。

私が生まれた一九七四年（昭和四九年）は、その最後だった。団塊ジュニア世代のアンカーとして、私は田園が広がる人口七万人の小さな地方都市、岩手県花巻市で生まれ育った。

この年は、一九年間にわたる高度経済成長が終わった翌年にあたり、長嶋茂雄が現役を引退、金脈問題で田中角栄内閣が総辞職するなど、日本の繁栄の一時代の終わりを告げる象徴的な年でもあった。

父が公務員、母がパート勤務というごく一般的な家庭に生まれ育った私は、高度経済成長期に青春時代を過ごした両親の下、時代遅れの右肩上がりの価値観を刷り込まれて育った。ちゃんと勉強し、いい成績をとり、いい大学に進学し、役所か大きな会社に勤めて、安定した給料をもらうのが幸せな人生なのだと、家でも学校でも暗に言われた。地元の高校を卒業すると当然のように東京の大学への進学を希望し、迷わず上京した。

こんな田舎にいたら人生終わると、当時は思っていた。すべては東京にある、と。

しかし上京した私は、しばらくして受け身の消費社会に退屈さを感じ、それこそ生きる実感、リアリティを求めて、南米やアジアを放浪するようになっていた。そこには物質的な豊かさに満たされた東京にはない世界が広がっていた。「生」を持て余していた私が目撃したのは、「生」を貪《むさぼ》るように生きる人々の姿だった。

大学卒業後、志望した新聞社に入れず、代議士秘書やライターなどで食いつないでいた。二九歳のとき、自分の居場所をふるさとに求めて帰郷し、リアリティを求めて社会課題の矢面に立つ政治を志した。

三〇歳で岩手県議会議員選挙に初当選し、二期目を迎えた三七歳のとき、東日本大震災が起こった。懸命に「生きること」を取り戻そうとしていた被災者と触れ合う中で、自らが新しいふるさとづくりの先頭に立とうという気持ちになり、岩手県知事選挙に立候補した。

知事選に出馬した一番の動機は、沿岸部の被災地で計画されていた海と陸を隔てる巨大防潮堤の計画に大きな疑問を感じたからであった。震災後、私を驚かせたのは被災した漁師たちの言葉だった。彼らと胸襟を開いて話してみると、「あの津波を恨んでいない」というのだ。

人間に恵みを与えてくれる「母なる優しい自然」と、ときに人間の命を脅かす「父なる厳しい自然」。ふたつはセットであり、どちらかだけ都合よく選べない。人間も自然の一部なのだから、自然に感謝し、畏怖し、共存して生きていかなければならない。巨大防潮堤で海と陸を隔てると、安全になるかもしれないが海が貧しくなる。そしたら食えなくなる。自然にはどの道、勝てっこないんだから、そんなに大きな防潮堤は必要ないというのだ。

私はこうした漁師たちの言葉や考え方に触れる中で、それまで漠然と感じていたこれから向かうべき新しい世界が何なのか、はっきりと目に見え、腑に落ちたような気がした。

「東北食べる通信」編集長として

知事選は、もちろん両親からも周囲からも止められた。その声を振り切って、私は青森県境から宮城県境まで二七〇キロをひたすら徒歩で遊説する前代未聞の選挙戦を展開した。だがやはり現職に大敗。口先だけだった自分に虚しさを感じ、今度は実際に現場で手と足を動かして社会課題解決に挑もうと、事業家に転身することにした。

そのとき私の脳裏には、ふたつの姿が浮かんでいた。

ひとつは、沿岸部で漁業を再開しようとする漁民たちの姿。彼らは船も家も養殖場も流されながら、海を憎まず、ふたたび海に出ようとしていた。彼らはこう言った。

「津波てんでんこというけど、その後に続く言葉知ってっか。津波の後は海に戻れ。海が豊かになっているというんさ」

その言葉通り、津波の後の海は、通常二年かかって育つ大きさの牡蠣《かき》が一年でなるほど豊かだった。

もうひとつ浮かんでいたのは、都会から被災地に駆けつけてきた支援者の姿だった。

震災直後から、被災地にボランティアでやってきた都市住民は、生きる実感やリアリティを取り戻し、「見えない檻」から解き放たれているように思えた。海という、人間の力では如何《いかん》ともしがたい巨大な力を前に頭を垂れ、感謝し、海や地域や家族との関わりの中で生きる漁師や被災者たちから、「見えない檻」をこじ開ける鍵のありかを教えられていたような気がする。あのとき被災者を救いに行ったはずの都市住民は、同時に被災者に救われていたのだ。

私はその被災者と都市住民が連帯する姿を見て、これを震災のような緊急時だけではなしに日常においてできないだろうかと考えた。それを形にすれば、震災だけでなく日本の大きな課題も乗り越えることができるんじゃないだろうか、と。

そこで着目したのが「食」だった。「食」は誰しも一日三回毎日繰り返す身近なものであり、私たちの生命を支える最も重要な行為だ。しかも食べる人は都会にいて、つくる人は田舎にいる。現在の巨大な消費社会においては、都会と田舎をつなぐ回路は見えにくくなっているが、この回路を「見える化」すれば両者をしっかりと結ぶことができるはずだ。

都市住民が食べものの裏側にある農漁業の世界の物語を知れば、私たちが口に入れる食べものがもともとは自然から生まれた他の生き物の命だったことを実感し、生きる実感をも取り戻すきっかけになるのではないだろうか。

私はそう考えて、いくつかの試行錯誤と失敗を経験し、何人かの仲間との邂逅《かいこう》ともいえる出会いを経て、ひとつのビジネスモデルを立ち上げた。

それが東北の生産者と都会の消費者を「情報」と「コミュニケーション」でつなぐメディア「東北食べる通信」だった。

生産者と消費者でコミュニティをつくる

私たちは東北の田舎の畑や田んぼ、海で自然と格闘しながら素晴らしい生産物を生み出している生産者の姿や世界観、作物の歴史などを取材し、物語に綴って大型冊子で紹介することにした。その物語に生産者の食材を付録としてつけて、(主に)都会に住む読者に届ける。その食材を料理し、食べる体験の後で、読者と生産者はSNSで双方向から結ばれる。すると読者からは「美味しくて感動しました」「こんな美味しいものをつくってくれてありがとう」などの感謝の言葉が生産者に数多く寄せられた。生産者からも「こんな料理方法でも美味しいよ」「次の季節にはこんな食材もとれるよ」といった声が投稿される。

このコミュニケーションをきっかけに、両者はリアルの場でも交流するようになった。

読者は生産現場を訪れ、土をいじり、波に揺られ、自分の命が自然とつながっていることを体感する。生産者はときに都会に招かれて、集まった都市住民たちからあたかもスターのように歓待される。そんなことを繰り返す中で、生産者と親戚付き合いに発展していくケースもたくさん生まれた。

それまでの都市住民の「食」の世界には、「食べもの」と「お金」の交換という一過性の、浅い関係性しかなかったはずだ。ところが「東北食べる通信」は生産者の物語を介在させることで、「食べる人」と「つくる人」という交換不可能な継続的で深い関係性に発展させることができたのだ。

さらに生産者に共感した都市住民が様々な形で生産者の活動を応援するという出来事も数々生まれ、「共感のマーケティング」と評された。東北以外の自分の地域でも同じモデルの事業を展開したいとの声も寄せられて、現在、「食べる通信」は東北以外の三三地域でも創刊されている（巻末リストを掲載）。

二〇一四年、「東北食べる通信」はその年の優れたデザインに贈られるグッドデザイン賞の大賞候補にも選出され、金賞を受賞した。食べる人とつくる人の関係性をデザインしたことが評価されての受賞だった。

消費文明の切っ先をひた走ってきた現代の日本社会。そのど真ん中で生きる都市住民が、「自由」や「利便性」などの豊かさと引き換えに失くしたものは何だったのか。東日本大震災での気づきから生み出された「東北食べる通信」が都市住民に提供している「生きる実感」や「人との関わり」こそが、まさに「喪失したもの」だったのではないだろうか。今日の都市住民が渇望する「価値」を提供したからこそ、たったスタッフ二人で創業一年目のベンチャーNPOである私たちのような新参者が、ソニーやヤマハなどの老舗大企業に割って入って、権威あるグッドデザイン賞ファイナリストの席に座れたのだと思う。

＊

本書では、震災前の政治家生活や「東北食べる通信」での経験を糧に、今日の都市住民を「見えない檻」に押し込めている「化け物」の正体を解き明かしたいと思っている。その化け物は都市住民自身の内面に潜むがゆえに、私たちの目には見えない。だからこそ数値化も難しく、社会課題になりづらい。しかしその「見えない化け物」は確実に個人を、社会を深く蝕んでいる。

私たちは、その化け物を退治することができるのだろうか。

その成否は、本書で述べる思想と、その先にある一人ひとりの行動にかかっている。

都市と地方をかきまぜる

目次

第二章　人口減を嘆く前に「関係人口」を増やせ　73

第三章　消費者と生産者も「かきまぜる」

郷土のソウルフードの再生
都会からやってきた応援団
人に頼ること
クレームゼロの奇跡
リアリティの再生
心の構えを常に正す

四　卒業生を送り出す
私、卒業します
食物連鎖を改めて知る
二枚目の名刺、ＣＳＡ
価値観を「上書き保存」せよ

第四章　「消費者」ではなく「生活者」になろう

一　消費社会の実像

消費社会に現れた化け物とは

デザインと広告の力

バーチャル市場

リアリティを取り戻せ

社会変革への道

二　都市生活にほとほと疲れたあなたのために

自由で豊かな暮らしに苦しめられる矛盾

どうして東京人は走りたがるのか

農化するサラリーマン

第一章

食は命に直結する

一　生産者との出会い

生産現場の「顔」が見えない

私は都心で講演や車座座談会（意見交流の場）を行うたびに、その冒頭、よく会場の参加者にこう問いかける。

「みなさんは昨日三回食事をしたと思いますが、その内、何かおかず一品でもいいので、その食材を育てた人の顔が思い浮かんだという方は手をあげてください」

どこの会場でも、こう問いかけて一〇〇人中ひとりでも手をあげる人がいればいい方だ。誰も自分が食べているものをつくった人を知らない。どこでどんな苦労があり、どんな方法で食べものがつくられたのかわからない。

現在の消費社会においては、巨大な流通システムのおかげで都会で暮らしていても全国津々浦々の生産物が鮮度のよい状態で食べられるが、生産者と消費者はすっかり分断されてしまっている。

もちろん都市住民は、スーパーの店頭にきれいに並べられたカット食材や、レストランの皿にきれいに盛りつけられた料理の「価格」は知っている。「カロリー」も表示されている。「原産地」や「賞味期限」もしっかりと示されている。けれどそれらは食べものの表側の情報に過ぎない。食べものの裏側にいる生産者の顔はまったく見えないのだ。

生産者だけではない。食べものの裏側には、これらの食べものが「生きもの」だった世界があったはずだが、その世界との接続を断たれた消費者にとっては、もはや工業製品となんら変わりないものになってしまっている。彼らにとって、食べるという行為は車にガソリンを給油することに近い。生きものの命に感謝する「いただきます」や「ごちそうさまでした」も、単なる形式的な儀式へと変容してしまっている。

かくいう私自身、県議になるまで一次産業の価値を理解することはできなかった。田舎に生まれたとはいえサラリーマン家庭に育ち、まさに食べものの表側しか知らずに生きてきたからだ。しかし県議になって農家を回り、食べものの裏側の世界に触れたことで、一次産業を見る目はガラリと変わった。

ことに東日本大震災以降、被災地東北の農家や漁師の生活に入り込む中で、私たちの「生」

は他の生きものの「死」を前提にして成り立っていることを改めて感じた。海からとれる魚介類はもちろんのこと、畑でとれる野菜も田んぼの米も、すべて生命を持っている。それを人間は収奪しなければ生きていくことはできない。これは、誰もが逃れることのできない掟だ。

その掟から見ると、都市住民たちは食べるという本来的行為からずいぶん離れてしまっている。自分たちが生きものであるということも実感できなくなっているのは、生きものの「死」を前提とした自らの「生」を感覚できなくなってしまったからではないだろうか。

考えてみれば、日本は世界で最も日常生活の中で「死」から遠ざかってしまった国だ。第二次大戦後、世界ではこれだけ戦火が繰り返されているのに、戦地で戦死して帰ってくる人が皆無だった。医療は目覚ましく進歩し、国民皆保険制度という世界に冠たる仕組みができたおかげで、病気の多くは治るようになった。

かつてお年寄りは家で死んだものだが、今はその多くが施設や病院で最期を迎えている。お墓も日常生活から隔離された場所に追いやられてしまった。つまり、私たちは日常生活の中で「死」について考える機会が昔に比べて圧倒的に減ったのだ。

「死」を忘れた人間は、「生」を貪ることもまた難しい。多くの都市住民が今、自らの「生」

を持て余しているのは、逆説的だが「死」から遠ざかってしまったからではないだろうか。「死」と隣り合わせの「生」は、限りあるからこそ自ら光り輝こうとする。日本の若者たちがアジアやインド、アフリカにバックパックを背負って旅に向かうのは、かつての私がそうであったように、生きる実感を求めているからだと思う。途上国は、日常生活の中に「死」がゴロゴロ転がっている。日本に比べれば衣食住も格段に貧しい。

しかし――と帰国した彼らは口をそろえて言う。なぜ、人はあんなにも目を輝かせて生きているのだろうか。それに比べてこの衣食住足りた日本では、なぜにこうも、目が死んでいる人が多いのだろうか。

それは、命には限りがあることを、日常生活の中で意識しているかしていないかの差なのだと私は思う。締め切りのない人生をだらだら歩く日本人は、まるで生ける屍《しかばね》のようですらある。

「死」は、人間の思い通りにはならない。人はいつか必ず死ぬ。この真理から目を背けることと、本来自然の産物である食べものを自分の思い通りにしようとする意思は同じ方向を向いている。問われるべきは、この人間の思い通りにしようという意思そのものではないだろうか。

この意思を変えるために必要な手がかりが、日常生活の中で「死」と無意識に向き合っている農家や漁師の現場にあると私は以前から直感していた。そして震災以後、それは確信に変わった。

県議時代も、震災後の被災地支援活動中も、「食べる通信」事業を立ち上げてからも、私は東北各地の農漁村の生産者のもとを訪ね歩いた。そこで出会ったのは、まさに限りある「生」に感謝しながら、その「生」を貪るように生きるエネルギーに満ち溢れた人々だった。それは私にとって、これからの社会、世界がどこに向かうべきかを指し示してくれる「未来への道標の旅」でもあった。

森は海の恋人

津波で洗われた三陸の海岸線で、のっけから「漁師は泥棒稼業だ」と語ったのは、三陸復興の精神的支柱といってもいい気仙沼市唐桑の牡蠣じいさんこと、畠山重篤さんだった。サンタクロースのように立派なヒゲをたくわえたその顔で、畠山さんはこう続けた。

「漁業は餌も肥料もいらない。養殖漁業も漁船漁業もただとってくるだけ。子どもに泥棒と同じだと言われた。うまいこと言うもんだ。泥棒稼業だから、山に木を植える。山が貧しくなれば、海でとれるものも減るんだから」

なぜ山と海がつながるのか。森林の腐葉土層でつくられたフルボ酸鉄という鉄分が川から海に運ばれることで、植物プランクトンが増え牡蠣の餌となる。牡蠣の養殖場が世界中どこも川が海に入り込む汽水域にあるのはそのためだ。

しかし近代化を通じ、川の流域では、河口堰《ぜき》やダム建設、生活排水、工業廃水・農薬・除草剤のたれ流し、森林破壊などによって、海が貧しくなった。今から三〇年前、畠山さんが暮らす気仙沼湾も赤潮にまみれ、海はひん死の状態になった。こうなると牡蠣やホタテは育たない。

そこで畠山さんは、二五年前に山に植林する活動「森は海の恋人」を始め、毎年継続してきた。今ではおよそ一五〇〇人が全国各地から訪れる、三陸を代表する行事になっている。

畠山さんは、こうも言った。

「震災時に語られた『津波てんでんこ』という言葉には続きがあることを知ってるか。その後には『津波がひいたらすぐ海に行け』と言われてるんだ。津波の後は海がよくなることを昔ながらの漁師はみんな知っている。海の中は今、海藻がわさわさ育ち、ジャングルだ。通常一一月に海に入れたホタテの稚貝は翌年のお盆過ぎから売れるようになるんだが、今年は四月から売っている。海とはそういうものだ」

実際に震災後、牡蠣の育ちも倍速になった。チリ地震による津波のときも同じだったそうだが、津波の後は海産物の生育が通常より早くなる。何年かはこの状態が続く。そのことを理解している三人の息子たち（いずれも漁師）はいち早く、養殖場の復旧に取り組み、その後の水揚げですでに投資の元がとれたそうだ。

「家の再建よりも何よりも、まず海に向かった息子たちは賢かった」

海底に堆積していたヘドロは、窒素やリンなどいわば肥料のかたまり。それが津波でかきあげられ、海中に拡散した。つまり、牡蠣やホタテが食べる栄養分が増えたことが急成長の大きな理由のひとつなのだ。

また三陸の海が豊かなのは、ロシアのアムール川から千島列島を通って鉄分が豊富に運ばれてくるからだと、畠山さんは教えてくれた。世界は海でつながっているのだから、ロシアや中国の森に木を植えないと将来三陸の海は貧しくなると考え、ハバロフスクでも植林活動を始めたいという。

近年、世界のあちこちの海で異変が起こり始めている。ナイル川にアスワン・ハイ・ダムができたら、地中海のいわし漁師が三万人失業した。世界一エビがとれるアマゾン川の河口は、上流部で開発が進み、エビ漁がおかしくなっている。フランスでは畜産公害で海の牡蠣が死んでいる。川を止めると海がやせる。除草剤から農薬まで、すべてのしわ寄せが最後は海にくると畠山さんは指摘する。

畠山さんは、『カキじいさんとしげぼう』という自ら書いた絵本の中国語版、ロシア語版、英語版をつくって普及させようとしている。世界に通じる普遍的な森と海の関係を啓蒙しようとしているのだ。こうした活動が世界的に評価され、二〇一四年には国連で表彰を受けた。二〇〇四年には花巻市主催の「宮澤賢治イーハトーブ賞」を受賞した。その受賞理由がふるっていて、「もし賢治が漁師だったら、あなたと同じ発想であなたと同じことをやっただろう」。賢治が農村の側から見たことを、畠山さんは海側から見て実践したわけだ。

畠山さんは言う。

「命はみんなつながっていて、みんなで海を豊かにすればみんながその恩恵にあずかることができる。森が豊かになり、川がきれいになり、海の力が引き出されれば水産物がたくさんとれ、値段が下がる。そうなれば魚の消費が伸びる。魚を食えば必然的にご飯を食べる量も増える。例えば一貫五〇〇円の寿司があったとすると、通常シャリ代は一〇円、ネタ代が四九〇円。だから海が豊かになれば、寿司なんか半値でいい。みんなが寿司屋のカウンターで食べられるようになり、行く回数も増える。漁師もよくなり、農家もよくなり、消費者にとってもいい。流域全体がよくなっていく」

畠山さんが訴えていること、これまでやってきたことは、近代に対するある種のアンチテーゼだ。科学技術の進歩によって、人間は自然をコントロールし支配できると錯覚してきた。詰まるところ、人間中心の西洋近代文明とはそういうものだった。

ところがその考え方では、分断された森も海も疲弊して、やせ細り、結果的に食べものがとれなくなる。人間とは何か、生きるとは何か、命とは何かということが問われているのだ。

牡蠣の筏《いかだ》が浮かぶ唐桑湾を背後に、牡蠣じいさんは最後にこう言った。

「こういう発想までできるところ、こういう哲学を発信できる力があるところが三陸。モデルケースをつくれば世界に貢献できる――」

人間の強靭な精神を解放した大震災

「津波にぜんぶ持っていかれても、僕は海を憎んでいない。日頃から海に食わせてもらっているんだから。今も海に出ると、いつも自分の命が喜んでいるのがわかります」

そう語ったのは、南三陸町歌津伊里前川の三〇歳の漁師、千葉拓さんだった。

千葉家は、牡蠣、ワカメなどの養殖のかたわら、伊里前川でシロウオの珍しい漁を営んできた。この漁は、川に幾何学状に積み上げた「ザワ」と呼ばれる石垣の隅にシロウオを追い込んで捕獲する。全国で数カ所しかやっていない漁で、条件が整ったきれいな川でしかとれないという。

シロウオは近年、日本では高級食材として扱われており、生きたままポン酢などで食べる踊り食いは格別の味。環境省の汽水・淡水魚類レッドリストで「絶滅危惧Ⅱ類（ＶＵ）」に指定されるほど希少な存在だ。減少の原因は、川や海の水質汚染、河口堰設置やコンクリート護岸など河川改修による産卵場消失と考えられている。

自然を活かすも殺すも、すべては私たち人間次第なのだ。

千葉さんは、これ以上自然を壊して海を貧しくするのはやめようと、震災後、海と陸を隔てる巨大防潮堤の建設に反対してきた。人間に恵みを与えてくれる母なる優しい自然、人間の命を奪い去ることもある父なる恐ろしい自然。ふたつはセット、どちらかだけ人間の都合よく切り取ることはできない。津波の脅威から逃れようと海と陸を分断してしまえば、結果として海の恵みも減ってしまう。事実、奥尻島の津波被害では、復興の過程で大きな防潮堤をつくったが、海の生態系が変わり、漁獲高も減り、漁師の減少は震災前より加速している。

千葉さんはまた、震災後の被災者たちは目が輝いていたと驚くことを言ってのけた。

「震災を体験して、現代社会に生きる人間はどう変わったか？　僕は震災で家も船も現代社会のしがらみも価値観もなくなった世界を体験してしまった。その世界は電気も水道もガスも金もない世界だった。光と熱は木を燃やせば電気以上に暖かい場を提供してくれた。水は森が創り出す湧き水が川となり無限の情けを僕らに与えてくれた。金は紙切れになった」

千葉さんたちを救ったのは、自分たちの命を脅かした自然だったのだ。そして、自然の摂理を利用した知恵。その知恵を共有し、さらに生き延びるための知恵を出し合う仲間たちに救われた。

千葉さんは、現代社会の価値観に抑圧され眠っていた、人間の強靱な精神が解放されるのを感じたという。水がいつもより余計に使えることや、燃やす木がたくさんあることなど、些細なことにもありがたみを感じ、感動したと振り返る。身近に幸せがあった。そして自然に生かされているという謙虚な心が腑に落ちた、と。

あのときに感じたことを土台にして、暮らしや社会をつくり直さなければならないと千葉さんは心に誓う。

「震災から時間が経ち、少しずつ薄れていくあのときのみなぎるようなみんなの目の輝きと、生命そのものを燃やしているかのような強い想い。またヒシヒシと現代社会の仕組みにくるまれようとしているけど、あの日感じたあの熱い想い。そして人間の美しくはかない本来の姿。心の軸にしっかりと持ち続けて生きたいと思う」

ロープに吊るした牡蠣を海から引き上げ、ひとかたまりのブロックを外した千葉さんは、船上でそのまま殻をむき、黙って私に差し出した。殻は小ぶりだが身がぷりっとして大きい。一緒に食べた千葉さんは言った。

「俺の目指してた牡蠣だ。これまでつくった牡蠣で一番うまい。最高だ」

もともと、山が蓄えた栄養分を伊里前川が湾に運ぶ汽水域、という好条件に恵まれた地域であり、加えて津波で壊滅した浜は、海底が地盤沈下して潮通しがよくなった。海底に堆積したヘドロが一掃されたことも重なり、美味しい牡蠣が育つ環境が勝手にできたんだと、千葉さんは解説してくれた。例年であれば二年かかる大きさが一年でできた。改めて自然の持つ力のすごさを感じたという。

千葉さんは、尊敬する地元の漁師からこんなことを言われたことがある。

「海に出るときは欲を出すな。無事に帰ってくればそれでいい。拓、お前はそういう気持ちで海に向かえ。今から海にお邪魔しますからよろしくっていう気持ちだ。苦しいときにこそ欲は出てくる。でも絶対欲を出すな。あえて言うなら、その日の家族を養えるくらいだけ恵んでくださいと想いを伝えろ。そういう気持ちでいれば必ず海は助けてくれる。魚でも牡蠣でも想いは伝わる。そういう気持ちでいれば必ずよいものがとれる。大漁になる」

この言葉を聞いて、千葉さんは泣いたという。自分は、親にも地域の人からも、漁師として、家族を養うものとして、欲が足りないと言われてきた。でもその漁師は欲と駆け引きは違う、欲は出すなと言ってくれた。その漁師は二〇代から釣り一本で生計を立てている。五〇代で独身ということもあり、毎日海に出て、ときには川や沼にまで釣りに行ってその魚を売り、生活している。だから地域では浮いた存在になっていたが、千葉さんはその漁師のことが好きだ。自分も次世代にそういうことを伝えられる漁師になりたいと、意を決している。

「自分は自然の懐に抱かれているだけで、何もしていない」

牡蠣をつくるのは、人間ではなく海だ。その言葉が、畠山さんの持論に重なり合う。人間の力で自然をコントロールできると錯覚してきた西欧近代文明は、大きな転換期を迎えている。それが輝きを失いつつある今、自然に頭を垂れ、自然と折り合いをつけながら生きてきた漁師の生活は、豊かさやしあわせ、私たちの「生」を考える上で、大きな示唆を与えてくれる。

神に祈る

欲を出し、思うがままに多くを得ようと自然に求めすぎてはいけない。この漁師の世界観は、農家の世界にも色濃く存在している。全国紙記者として日本各地を渡り歩き、定年間近に岩手県遠野市宮守町の岩森集落に住み着いて八年になる木瀬公二さん（六七歳）が見た世界はまさにそんな世界だった。

「神や仏や死者の魂と一緒に生きるには、欲張りではいけない。わがまますぎると跳ね返される。あんた、なんでも思い通りにやろうとしていない？　そんなことをしていると大変なしっぺ返しにあうよ、と。この集落の人たちは、自然と共に、ほどほどに暮らす生き方を大切にしていた」

木瀬さんは、人類が月にロケットを飛ばす時代になったのに、ここには河童《かっぱ》や座敷童子《わらし》を本当に信じている人たちがいることにも驚いた。科学的・合理的には説明がつかない世界がこの世にはあることを知ったという。民俗学者の柳田國男が、地域で古くから口承される神々や妖怪などの話をまとめた『遠野物語』の世界が、岩森集落をはじめ、多くの農村にまだ残っている。

木瀬さんはこんなエピソードも紹介してくれた。

移住して一年経った頃、近所のヒサさん（八五歳）の家の馬が死んだ。かつては何頭も飼っていたが、ひとり暮らしになってからは減り続け、最後に残った一頭だった。一八年間、愚痴も喜びも語り合ってきた仲だったという。息絶える前夜、木瀬さん夫婦はヒサさんと一緒に、馬小屋で横になってどんどん弱っていく馬に古い毛布をかけるなどし、看病していた。

そのとき暗闇の中で、ヒサさんの家の方から「ドン」という大きな音が聞こえた。木瀬さんの奥さんが不安げに「何?」と聞くと、ヒサさんは「馬の魂が抜けて、家にぶつかった音だ」と言ったという。その翌朝になって馬は死ぬ。メス馬の魂は台所にぶつかり、オスは玄関付近にぶつかるんだと、教えてくれた。

ヒサさんと木瀬さん夫婦、そして残り二軒を含む四軒が岩森集落で、隣の一六軒の湧水集落と合わせて、「湧水集落」と呼ばれるこの地には、ふたつの郷土芸能がある。今から一五〇年前に湧水しし踊りが、八三年前に湧水神楽が始まり、今なお続いている。岩森集落の氏神様を祭っているのは春日神社で、元日の昼前に、湧水神楽が奉納にやってくる。一〇月中旬の「十三夜」には、五穀豊穣を願う伝統行事として、湧水しし踊りが奉納される。

ふたつの郷土芸能の担い手の多くは地元の農家なので、農繁期以外に毎週一回、地区集会所で練習をしている。練習が終わった後の飲み会で車座になって繰り広げられる会話に木瀬さんは聞き入ったという。

「自分が教えを受けた師匠の話も出る。あの人は、ここでこういう腕の振り方をした。ここでこういう太鼓を叩いた、と話題になる。まるで生きている人間のように死者を語る。そういえば、あそこのおばあちゃんはどうしているかな、とひとり暮らしのお年寄りのことも話題に上る。『厠《かわや》の戸が重たくて大変だと言っていたな』。誰かが『じゃおめ、直すのすけて（助けて）やれ』と言う。そして数日後には戸が直っている」

アメリカに住む木瀬さんのお兄さんが遊びに来たとき、この様子を見て、「すごいな」と驚いたという。お兄さんが暮らしている街は、アメリカ一治安がよく、住みやすい場所だと自慢していた。地区に教会、図書館、プールがあり、その一帯をフェンスが囲み、入り口には屈強なガードマンが立って目を光らせている。それは、住民がお金を出し合って得ている安心安全だった。一方、お兄さんが湧水集落で見たのは、お金をかけない、心が生み出す安心安全だった。お兄さんは「参りました」と舌をまいたという。

湧水集落では、死者や神や仏が当たり前のように共存していると、木瀬さんは語る。ヒサさんをはじめ、集落の人たちはほぼ全員、井戸や厠や山の木など、自分の暮らしを取り巻くいろいろなものに神が宿っていると信じている。そして祈っているそれは決して宝くじをあててくださいというような、利益を求める祈りではない。周囲の神々に「無事に生かしてくれてありがとう」というお礼の祈りなのだという。

「たまに悪いことが起きると、もしかしたら裏の木を無頓着に切り倒したことのたたりじゃないかと。自分の都合ばかり考えて木に感謝することも忘れていた。『悪かったね』と自分の行いを振り返り、謝る祈りだ。それは明らかに、宗教信仰とは異なる、生活信仰だ」

人が亡くなると、南無阿弥陀仏と背中に染め抜いた半纏《はんてん》を着てその家を訪ねる念仏衆のメンバーは、神楽衆とほぼ同じだという。仏壇に向かい、太鼓を叩き、弔いの歌を歌いながら供養をし、新盆の演目には死者とつながる鎮魂の歌である「位牌ぼめ」というのもあるそうだ。こうして、神楽もしし踊りも、神や仏や死者の魂とつながる大事な行事なんだとわかったと、木瀬さんは解説する。

「神様はいる」

　湧水集落でワサビを栽培している農家、福地嘉之さん（三四歳）は、三歳からしし踊りを叩き込まれてきた。しし踊りを演じていると、観衆の年寄りたちが手を合わせて自分を拝んでくれた。ししの衣装に神様の気が入っていると感じていた。そんな踊りを踊れることに感謝の気持ちでいっぱいだった。福地さんには、形も存在も見えないけれど、神様はいるという感覚がある。就農前の会社員時代も小さな神棚を社宅の部屋に設け、拝んでから出勤することを欠かさなかったという。

「無事に目が覚めた。風邪もひいていない。今日もいつもと変わらない普通の一日を元気に過ごせることに感謝します、と心の中で神様に伝えていた。寝坊し、日課をさぼったときに限って、指を切る怪我をしたりする。だから、やっぱりいるんだなぁ、という感覚がある」

　人間がコントロールできない自然に働きかけて命の糧を得る農業、漁業の世界は、最後は神に祈るしかない。ゆえに全国各地に残る郷土芸能の多くが、農村、漁村の生産現場から生まれ、主に生産者が担ってきた。

私が生まれる少し前の一九七〇年に約一〇〇〇万人いた農家は現在、約一九二万人に激減。私より若い四〇歳以下は、約一二万人しかいない。そして六五パーセント以上が、六五歳以上の高齢者だ。漁師の担い手はもっと深刻な状況である。生産者の減少は、同時にこうした郷土芸能の担い手の減少に直結している。

それは宮崎駿がジブリ作品で表現した、世界観の喪失を意味するのだと、私は思う。八百万の神々が暮らす日本の消滅。日本のアイデンティティそのものが消えていく。のっぺらぼう国家。私たちは今何を失おうとしているのか。立ち止まって、しっかり考えるべきときだ。今ならまだぎりぎり間に合うかもしれない。

私の郷土の先人、宮沢賢治は『農民芸術概論綱要』の中で、近代の職業芸術を批判し、そもそも芸術家とは何を意味するのかについて次のように書いている。

職業芸術家は一度亡びねばならぬ
誰人もみな芸術家たる感受をなせ
個性の優れる方面に於《おい》て各々止むなき表現をなせ
然《さ》もめいめいそのときどきの芸術家である

創作自ら湧き起り止むなきときは行為は自《おの》づと集中される
そのとき恐らく人々はその生活を保証するだらう
創作止めば彼はふたたび土に起つ
ここには多くの解放された天才がある
個性の異る幾億の天才も併び立つべく斯《かく》て地面も天となる

各地の郷土芸能を見ながら、私は賢治の言葉を反芻《はんすう》している。

二　農漁村の光と影

冷蔵庫行き

「お前、冷蔵庫行き決定か」

二〇一一年の夏、被災地となった沿岸のある高校生たちの会話を聞いていたときに、この言葉が耳に入ってきた。聞けば「冷蔵庫」とは、水産加工会社のこと。どこにも行くところがないダメなやつが最後に行くところ、それが水産業なのだという。震災でふるさとのために何かしたいという意識が子どもたちの中に芽生えた被災地ですら、こうなのだ。まして内陸の農業は言うに及ばずだ。

一般的に地方の中学校では、生徒が偏差値で輪切りにされ、下の方から農業高校、水産高校に進学する。そして農業、水産業を学び、卒業時には大半が一次産業とは関係がない会社に就職していく。なぜ若者たちは一次産業を毛嫌いするのか。一般的にいわれていることは、収入が低い、イメージが悪い、結婚できないなどだ。こうして日本の一次産業の現場から、若い人間がどんどん姿を消していった。腰をまげた年寄りが年金をつぎ込んでなんとか維持しているのが、日本の一次産業の実態である。また、外国人労働者が低賃金で労働力不足を補なっている実態もある。

誰もが口では一次産業は大事だ、農漁村は必要だという。しかしいざ自分がやるのかとなればやらない、息子にやらせるのかとなればやらせない。多くの消費者は、日本の農家や漁師が額に汗しながら生産した食材が入った五〇〇円の弁当ではなく、海外の原材料を使った二八〇円の弁当を買っている。そうしておきながら、農家や漁師が食えないと嘆いているのがこの国の姿だ。

人間は食べなければ生きていけない。だから食に関してはすべての国民が当事者なのだが、多くの人にとって他人事になっている。当事者意識はどこにいってしまったのだろうか。

県議時代から、農山村を回っていると、「食えない」「子どもに継げといえない」「担い手不足でこのままでは農地が荒れる」と、頭を抱える農家たちがいたるところにいた。しかし、後継者不足が深刻になれば、やがて困るのは消費者の私たちである。日本の一次産業の苦境を目の当たりにしながら、子どもには国産のものしか食べさせたくないといっている矛盾。

国産の食材を子どもたちに食べさせたいのであれば、後継者不足の問題を農家だけではなく、その影響をダイレクトに受ける私たち消費者も一緒になって考えなければいけないはずだ。

しかし、頭で考えているだけではなかなか当事者意識は生まれない。一次産業の苦境を伝えるメディアの報道に触れていても、それを自分ごと化し、行動に結びつけることは簡単ではない。人間は相手との関係性が見えて、初めて共感力が生まれる。

戦後、全国の農漁村には長男が残り、農漁業を継いだ。次男以下が上京してつくったのが、東京、大阪などの大都市である。だから都市と農漁村は兄弟だった。東京で働いていても、田舎の家族か親族には、だいたい農家か漁師がいたのだ。サラリーマンとして働きながらも、台風が来れば作物の状況を心配し、稲刈り時期には手伝いに帰省した。

しかし世代が三回転し、もはや田舎の家族や親族はおろか、知人にも農家や漁師がひとりもいないという時代になった。生産者と消費者は、お互いの顔が見えないくらい距離ができてしまっている。大都市生まれの大都市育ちも増え、帰るふるさとがないという都市住民もどんどん増えている。こうして消費者の生産者への共感力は失われていった。もはや台風が来ても、野外コンサートや草野球の心配をする人はいても、田んぼの心配をするような人はいない。

乳幼児死亡率が全国ワースト一位の農村で

なぜ人々は農漁村から出ていってしまったのだろうか。それは、圧倒的な貧しさと不自由さからの逃避だった。終戦後、焦土と化した原宿にバラックを建てて暮らす日本人を横目に、フェンス一枚隔てて突如出現した在日米軍施設のワシントンハウス。日本人の目に映ったのは、あまりにも豊かなアメリカの姿だった。その後、原宿は新しい文化の発信源となった。東京を先頭に、物質的豊かさを謳歌するアメリカを追いかけていったのが、日本の戦後復興の歩みであった。農業国から工業国へ変貌を遂げる中で、その発展から取り残されたのが、全国各地の農漁村だったのだ。

貧困にあえぐ岩手県の農村では、乳幼児死亡率が全国ワースト一位だった。なぜか。農家の嫁は早朝から日暮れまで忙しく働かされ、床について赤ん坊に乳を飲ませながら深い眠りに落ち、そのまま窒息死させる事故が相次いだからだ。

また農家の嫁には自己決定権がなく、ひとりの人間として認められていなかった。農業の近代化・機械化で人手が余ったこともあるが、農家の嫁に象徴される農村の貧しさ、暗さ、不自由さから逃れるかのように、次男以下はこぞって農村を脱出していった。

今、都市も行き詰まりを見せているとはいえ、先行する新しい都市に遅れをとる古い農漁村という基本的な構図は、今もなお変わっていないのではないだろうか。

辞書をひくと、「百姓」の意味の中に、「田舎者の蔑称」と書いてある。農家は蔑《さげす》まれてきたのである。また、青森県出身の吉幾三のヒット曲『俺ら東京さ行ぐだ』は、何もないふるさとの田舎を自虐的に歌い、笑いを誘う歌詞となっている。一部の農村ではその歌詞に批判も出たというが、大方笑われた田舎も好意的に受け止めたあたり、時代を感じさせる。

エンゲル係数の低下は、食べものの価値の低下

田舎から都会への人口の流出は、高度経済成長期やバブル経済の過程の中で、都市部が多くの労働力を必要としたこともあるが、人々が自由で豊かな暮らしを目指し、不自由で貧しい田舎を嫌ったことが大きかっただろう。

私自身、一八歳で上京した当時、田舎を振り返る気持ちは微塵《みじん》もなかった。むしろ田舎出身であることが恥ずかしくて、いつも隠そうとしていた。若者による地方移住の事例が喧伝

されているが、バブル崩壊後の失われた二〇年を経てもまだ、この流れは変わっていないのではないだろうか。事実、東京への人口の一極集中は続いている。

　都会もかつてのような輝きを放つことはないが、今なお田舎から人間を吸収し続けている。都会も生きにくさが広まっているとはいえ、それでも田舎の不自由さや貧しさに比べたら、まだ都市生活の魅力の方が勝っているということだろう。その魅力が逆転し、人口の流れが反転するときは果たして来るのだろうか。

　家計の消費支出に占める飲食費の割合を示すエンゲル係数は戦後、下がり続けた。これは日本人の生活水準が上がったこともあるが、物価上昇を考慮すると、下がりすぎだともいえる。つまり、食べものの価値が下がったのだ。それは、一次産業の価値の低下と密接に相関していると思う。生産者と消費者の関係性の切断が、この流れに拍車をかけてきたといえる。

　自然と結びついた農漁村が本来有する素晴らしさが日本社会から見えなくなり、逆に立ち遅れた農漁村の暗さは残像として日本社会に深く刻まれている。私は、この残像の裏に追いやられた農漁村の価値をもう一度見つめ直し、表舞台に引っ張り出したいと考えている。なぜなら、それは都市生活者が喪失し、枯渇している価値に他ならないからだ。そうして、この価値を結節点に、都市と地方をつなぎ直すことで、この国は息を吹き返すと直感、いや自らの変化に照らし合わせて、確信している。

建築家・伊東豊雄氏のメッセージ

第三章で詳しく取り上げるが、知事選に落選した後に、政治の世界から引退し、始めた事業「東北食べる通信」はまさに、この価値を「食」に置き換え、都市の消費者と地方の生産者をつなごうとするものだった。その創刊号に、建築家・伊東豊雄氏は「共に生きる」と題してこう書いてくれた（文中の「みんなの家」とは伊東氏ら著名建築家が提案する新しい集会所建設プロジェクトである）。

3・11の後、被災各地に数万戸も建てられた仮設住宅地を訪れて怒りがこみ上げてきた。これは戦後の日本が追い求めてきた「近代」の最も貧しい風景だからだ。（中略）これは「ひとり（孤独）」を象徴する世界である。人と人をつなぐのではなく、人と人を分断する思想でつくられているからである。（中略）「みんなの家」はそんな怒りを小さな希望に変えたいと願う気持から生まれた。どんなに小さくてもいいから、「ずっといっしょに共に生きる」ことのできる場所をつくりたいと思った。木の香りがして薪のストーブが燃える暖かい場所をつくりたいと思ったのだ。

震災後2年が過ぎて、その小さな想いは少し変わった。心を暖めあう場所はいま、未来の夢を語り合う場へと成長しつつある。このことをはっきりと確信したのは、釜石の魚市場の近くに新しい「みんなの家」を考える過程で高橋博之さんに会ってからだ。

（中略）

「東北食べる通信」の素晴しさは、行き詰まった消費社会を地方から乗り越えようと試みる点にある。彼らは、これまで顔の見えなかった地方の農業や漁業の生産者を自立する個として育て、都会の自立した個としての消費者とネットで結ぼうと企てる。生産者と消費者の間に介在していた煩わしい組織を通さずに直に顔の見える個と個の関係として再構成しようと試みるのである。

これまで私達は、先端的なもの、魅力的なものはすべて大都会にあり、地方は経済力もなく若者もいなくなるという歪んだ構図を容認してきた。しかしそうした大都市に魅力のすべてがある時代はいま終りに近づいているように感じられる。都会の大企業に所属する多くの若者は未来への夢と希望を失い、疲弊していると言う。
「東北食べる通信」が始めようとしていることは、潜在していた東北の若いエネルギーを顕在化して、疲弊し、孤独な生活を味わっている都会の個を眠りから呼び醒まし、ともに生きようという企てである。

「東北食べる通信」を社会に生み落とす原動力になったのは、前述したように、震災の年の夏に行われた岩手県知事選挙だった。私は周囲の猛烈な反対を押し切り、出馬に踏み切った。海と陸を隔てる巨大防潮堤の建設に、どうしても黙っていることができなかったからだ。それは伊東豊雄氏がいうところの近代の最も貧しい風景の根底にある、人と人を分断する思想、人と自然を分断する思想の象徴だ。そうした思想に侵食されずに、かろうじて「アニミズム(自然崇拝)の世界」を残していた岩手県沿岸部の漁村の復興に、この近代の思想を大々的に持ち込むことにどうしても大きな違和感を憶えずにはいられなかった。それは、生理的な拒絶反応に近かった。

だから私にとっての県知事選は政治の闘いではなく、思想の闘いだったといっていい。

＊

私は大きな湾から小さな入江まで一律に巨大防潮堤を建設することに反対し、対案を示した。「自然との境界線をできるだけ設けない」まちで暮らすことは、ゆるぎない自然とつながって生きることである。太陽、風、森につながり、その力を借りて生きる。私たちは、地球が何億年もかけて蓄えてきた地下資源を、欲望に任せ、湯水のように使い、わずか百年ほどの間に枯渇させようとしている。地球は人間の所有物ではない。したがって、化石燃料も私たちの所有物ではない。人間は、地球の大地の一部分を借りて暮らし、地球が所有する資源を借りて生産活動を行い、人間圏を拡大してきた。世界人口は七〇億人を突破し、この先化石燃料も無尽蔵ではない。地球の力が生み出す食料と再生可能な自然エネルギーをその都度贈与してもらう持続可能なまちづくりをやろう。その先兵を、三陸沿岸部が担おう。問われているのは、人間の思い通りにしようという意思そのものだ。今こそ、意思の改定をしていかなければならない。

こうしたことを訴えながら、岩手県沿岸部の被災地を青森県境から宮城県境までの二七〇キロをひたすら歩くという前代未聞の選挙戦を展開したが、現職に敗れた。日本が世界に誇る固有の自然観を土台にした復興を目指したかったのだが。それから間もなく、私は政治に見切りをつけ、事業でそのことを実現しようと、人生の舵《かじ》を切った。

もはや政治では、人間の思い通りにしようという意思の改定はできないと悟ったからだ。

三　『千と千尋の神隠し』と『ハリー・ポッター』

宮沢賢治と宇多田ヒカルの無常観

私の自宅がある岩手県花巻市の北上川沿いには、ところどころに小さな雑木林がある。夜明け前によく散歩するのだが、暗闇の中、林の中からガサガサ何かが動く音がしたり、突然野鳥が飛び立ったりする。そんな中をひとりとぼとぼ歩いていると、普段使っていない野性の感覚が研ぎすまされ、自分が生きものであるという当たり前のことを自覚する。

その雑木林を抜けたところの川の畔に、「下ノ畑ニ居リマス」で有名な宮沢賢治自耕の地がある。かつてこのあたりは藪地だったが、賢治は近くの宮沢別邸で独居自炊をしながら、鍬《くわ》で開墾。トマト、白菜、たまねぎ、アスパラガスなどを植えた。創作活動もここでした。

その宮沢賢治に心酔しているのが、宇多田ヒカルだ。賢治の童話に多用される擬音語に取りつかれ、楽曲に多用している。

『風の又三郎』の冒頭部で、賢治はこう書いている。

どっどど　どどうど　どどうど　どどう
青いくるみも吹きとばせ
すっぱいかりんも吹きとばせ

私も小学生のとき音楽の授業で歌い、擬音語の部分が耳に残って家に帰っても離れなかった。宇多田ヒカルも『WINGS』という曲の歌詞にある「ラララらララ　ラララヲウヲオ」の部分は、賢治の詩に憧れてカタカナ表記と平仮名表記を混ぜたと自ら語っている。また、『テイク5』という曲の歌詞も、彼女は賢治の世界とダブらせて書いている。

ちなみに宇多田ヒカルの母は岩手県一関市出身。彼女自身、花巻には何度となく訪れ、創作活動のインスピレーションを得ているという。何年か前に、宮沢賢治記念館のさわやかトイレネタをツイッターで発信し、ちょっとした話題になったこともある。

『traveling』という曲に出てくる「風にまたぎ月へ登り」とか「波とはしゃぎ雲を誘い」という歌詞も、賢治作品から影響を受けていることがよくわかる。同じ曲で、「春の夜の夢のごとし」「風の前の塵に同じ」という歌詞も出てくる。これは平家物語の一節をそのまま引用したものと思われる。

形あるものはいつか壊れる、命あるものはいつか朽ちる。賢治にしても宇多田にしても平家物語にしても、そこに通底しているのは「無常観」だ。この世に永遠のものなど何ひとつない。「限り」があるからこそ、「生」は自ら光り輝く。近代社会は快適で便利な暮らしを実現する一方で、私たちの感覚の中からこの「限り」、あるいは侘《わ》び寂《さ》びという伝統的美学を遠ざけてしまった。

地震と津波と、日本人のメンタリティ

本来日本人が持っていたこのメンタリティを涵養《かんよう》してきた背景には、地震や津波などの自然災害があった。

物理学者・寺田寅彦は、昭和一〇年に上梓した『日本人の自然観』の中で、西ヨーロッパの自然と日本の自然を比較している。

西ヨーロッパでは自然が安定していて、ほとんど地震がない。だから自然を客観的に観察

でき、データを収集することができる。その結果自然を征服したり、コントロールしたりする思想が生まれた。

一方日本では、自然が不安定で太古の昔から地震が多発し、台風などの自然災害も頻繁に起きてきた。日本人は、そのような不安定な自然と付き合う中で、ひとたび自然が怒り出したら抵抗してはならない。頭を垂れ、人々が互いに助け合うことで、その自然の猛威から自分たちの生活をいかにして守るかという知恵を積み重ねてきた。

このように何万年となく恐ろしい自然の脅威と向き合ってきた結果、「天然の無常観」という感覚を日本人は自然に育てるようになった――寺田寅彦はそう書いている。

近代をけん引した西欧社会にとっては、「無常」という日本的な精神は虚無的な思想に見えるだろう。だがこの思想こそが、地球単位で自然環境を破壊し、人類の生存を脅かす気候変動を引き起こしている近代文明を軟着陸させうるのではないだろうか。

そうであるならば、日本と日本人は、はからずも東日本大震災で近代のフロントランナーに押し出されたことになる。コンクリートで塗り固める創造性なき復興文明からは、二〇世紀の喪失を反転させる新しい社会、生き方は見えてこない。大震災を経験した私たちは、追う背中がないフロントランナーとして、新しい時代のフロンティアを探し、後続の国々に範を示さなければならない存在なのだ。

『千と千尋の神隠し』と『ハリー・ポッター』

もうひとり、日本人の自然観を表現し続けてきた人がいる。映画監督の宮崎駿氏だ。氏は期せずして大震災後の二〇一三年九月、引退を発表した。

振り返れば約五〇年前の一九六二年、アメリカのケネディ大統領は「消費者の利益の保護に関する連邦会議の特別教書」の中で四つの権利を明言した。世界で初めて提示された「消費者の権利」だった。以来、消費は手放しに礼賛され、大量生産・大量消費・大量廃棄型産業システムの歯車をぶんぶん回し、世界は量的拡大の道を突き進んできた。

この大量消費文明に警鐘を鳴らし続けてきたのが、宮崎駿氏だった。彼は『風立ちぬ』公開記念スペシャル番組で、「なぜ今あの時代（戦時中）の日本を描いたのか?」との質問に対し、「また同じ時代が来たから」と答えている。

「人間の世界から外れたところには、何かがいるという自然観を日本人は持っていたんです。だから自然に対して謙虚で、慎ましい態度をとっていました。ところが自然に対して優位に立つと、その畏《おそ》れを捨てて振る舞ってきた」

「地震はこれまで何回もあったことがまた起こったんです。たくさんの悲劇がありましたが、震災を受けた人たちは、乗り越えていけると思います。ですが原発の問題はね、これはエネルギーを過剰消費していく文明のありように、はっきり警告が発せられたんだと思うんです」

「突如歴史の歯車が動き始めたのです。生きていくのに困難な時代の幕が上がりました。この国だけではありません。破局は世界規模になっています。おそらく大量消費文明のはっきりした終わりの第一段階に入ったのだと思います」

たとえばイギリス人作家の手による『ハリー・ポッター』が、善悪の二項対立を描くアングロサクソン的一神教の世界観だったのに対し、宮崎駿氏の『千と千尋の神隠し』は万物に神は宿るというアジア的多神教の世界観を表現していた。宮崎ジブリ作品の多くはアニミズムが主旋律を成している。そこには明らかに、大量消費文明への警鐘というメッセージが埋め込まれていた。

大量消費文明の歪み

大量消費文明の歪みは、一次産業の荒廃という形でも現れている。一次産業は、人間の力が及ばない自然が相手だ。人間は雨を降らせることもできなければ、台風をそらすこともできない。だから農家も漁師も最後は自然に頭を垂れ、祈る他なかった。こうして郷土芸能の多くは、生産現場から生まれている。大量消費文明がつくり上げた巨大な流通システムは、こうした値札をつけることができない価値を矮小化し、最後には削ぎ落としてきた。

震災直後の多くの人々の「気づき」は、ここにあった。あちこちで大量消費文明からの転換が叫ばれた。だが震災から五年経過した今、その声はほとんど聞かれることがなくなった。このままでは元の木阿弥だ。東日本大震災は、何をこの社会に生み落としたのだろうか。

あれだけのことが起きたのに、地域も社会も政治も経済もなかなか変わらない、変われない。そうして、あきらめにも似た空気が広がっている。それでもあきらめたらダメだと、宮崎駿氏はこう語る。

「今の世の中全体のことで、政治がどうとか、社会状況がどうとか、マスコミがどうのこうのということじゃなくても、自分ができる範囲で何ができるかって考えればいいんだと思います。それで、随分いろんなことが変わってくるんじゃないでしょうか」

日本アニメ映画の巨匠にとって、自分ができる範囲で何ができるかと考えた結果が、引退作品となった『風立ちぬ』だったのだ。そして、実は被災地で立ち上がった若者たちも同じことを口にしている。まず自分が変わる。そして自分の周囲の人々を変える。そういう人が社会に増えれば、結果として投票行動が変わって政治も変わり、消費行動が変わって経済も変わる、と。

四　「食べものの裏側」を知ると人生が変わる

生産者の存在を知る

農漁村の生産者たちは、人間の力ではコントロールできない自然に働きかけながら命の糧を得る生産活動を続けている。比較的安定した気候の西欧と異なり、台風や地震など荒ぶる自然と向き合ってきた日本の生産者は、技を磨き、知恵を絞り、自然を畏れ敬い、それらを伝承してきた。だから日本の一次産業のレベル、品質は世界有数である。読めない天候を相手に、自然と対話し、風や潮の流れを読み解きながら、受け継いだ技や知恵を駆使して仕事をしている姿を見ていると、ものすごくクリエイティブな仕事だと感じる。

宮崎駿氏がジブリ作品で描いた八百万《やおよろず》の神の世界は、世界から高い評価を受けた。人間が自然を支配しようとしてきた西欧の一神教的世界観に対し、人間が自然と折り合いをつけ、共存しようとしてきた多神教的世界観に、欧米人からも共感が広まったのだ。

私は一二年前にふるさとの岩手に帰郷してから、多くの生産者たちと出会い、その多神教的世界観を現代の消費社会で一番体現しているのは、この人たちだと思った。ところがその生産者たちが日本では疲弊している。後継者不足、高齢化、離職化の嵐にさらされている。

この落差はどこから生まれているのだろうか。それは、現代社会で最も価値ある部分を一次産業が有しているのに、その部分がまったく世の中に伝わっていないからではないだろうか。その価値が正確に伝われば、私の中で起こったような変化が同じように起きるのではないだろうか。

5K産業といわれて

食べものの裏側にある価値を伝える情報が消費者にない結果、生産者の現場は「きつい、きたない、かっこ悪い、稼げない」、挙げ句の果てには「結婚できない」5K産業などといわれ、若年層は一次産業から遠ざかってきた。本来の価値を正当に評価されているとはいいがたい状況が長年続き、その裏返しとして、生産物まで買い叩かれてきた。

けれども、都市の消費者に対して食べものの裏側、つまり生産者の姿を「見える化」し、彼らの生き様、哲学、世界観を伝えたらどうなるだろうか。

食べものの裏側（＝生産者）の情報を手にした人は、私のように生産者を見る目が変わる。その世界観を知れば、共感と尊敬の念を持って生産者に接するようになる。その結果、生産者の社会的地位は向上し、その結果収入も増え、目指す若者も増える。

販路拡大やブランド化など、まずは生産現場の収入を上げようというところから入るビジネスはこれまでたくさんあった。しかし、この悪い流れを断ち切ることはできなかった。それどころか、むしろ悪化してきた。

何が足りなかったのか。それは、生産者の社会的地位を上げるところから入るビジネスの存在だ。これが皆無だったのだ。それは消費者の意識を変えるというビジネスにしづらいアプローチだったのだ。

収入を上げる取り組みと社会的地位を上げる取り組みは、どちらも必要だ。つまり生産者側、消費者側の両方から変えていく必要がある。巨大な流通システムによって生産者と切り離されてきた都市の消費者が店頭で得られる情報は、値段、見た目、食味、カロリーなどすべて消費領域のものだ。もちろんこうした情報も大事だが、決定的に欠けていたのは食べものの裏側、つまり生産者の情報だったのだ。

その可視化は、国の政策を待たずに私たちの手で実現できることだ。

食は命に直結する。人間にとって最も大切な「命」を支える食を大きなシステムに依存していると、そのシステムがダウンした途端にたちまち私たちの命は危機に瀕する。そのことを、私たちはあの大震災で実感したはずだ。だから一部分でもよいから、食を自分たちの手が届く範囲に取り戻し、経済的にも精神的にも自立を模索していくことが大事ではないだろうか。

知事選の落選以降、そのための取り組みが、私の中で始まっていった。

第二章——人口減を嘆く前に「関係人口」を増やせ

一　都市住民たちはなぜ被災地に向かったのか

被災者に救われていた支援者

東日本大震災の発生直後から、私は被災地支援活動をするために、岩手県の沿岸部にはりついていた。発災後間もなくして、東京をはじめとする大都会からボランティアが大挙してやってきた。最初は支援物資の運搬から始まり、炊き出し、ガレキの撤去、子どものケア、お年寄りの傾聴活動、避難所や仮設住宅の世話など、都会からやってきた学生やサラリーマン、OLたちは献身的に支援活動をしていた。

私は県議としての立場も活かしながら、外から入ってくる人、物、金を現場で必要としているところにつなぐ役割を自主的に担っていたので、多くのボランティアたちと出会うことになった。会社員、学生、経営者、団体職員等々。ものすごい勢いで人、物、金が被災地に流れ込み続けていた。

震災から半年ほど過ぎたあるとき、ふと思った。なぜこのような都市から地方への流れが、震災前からなかったのだろうかと。

いうまでもなく東北地方はどこに行っても過疎、高齢化、行財政資源の枯渇、経済縮小という問題を抱えている。震災前、大都市で暮らす人々はこうした地方の農漁村が抱える問題に、まともに目を向けることはあっただろうか。二〇一一年、「絆」という言葉が日本列島を覆ったが、そもそも都市と地方の絆などなかったからこそ、あそこまで「絆」が叫ばれたのではなかっただろうか。

被災地を訪れた都市住民たちは、震災前から過疎、高齢化で一次産業の担い手が減り続け、疲弊する農漁村の実態を知った。津波が来ようが来まいが、行き詰まっていたのだ。そのことに同情し、心を痛め、なんとかしてあげなければならないという使命感に駆られている人たちがたくさんいた。

しかし、と思う。そうした疲弊する農漁村の姿を生み出したのは誰なのだろうかと。これは、果たして農漁村で暮らす人たちだけの問題なのだろうか。都市部で暮らす私たちは日頃、スーパーや居酒屋で魚介類にお金を払うとき、値段を基準にすることが多い。とにかく安ければ安いほどいいと。

魚価は低迷し、漁師では食べていけないと海を離れる漁村の若者たち。この事実を私たちは日常の暮らしに引き寄せて考えるべきなのではないだろうか。つまり、こうした問題を生み出す側に間接的に加担していた、共犯者としての自分を自覚しなければならないのではないだろうか。問われていたのは、日常の私たちの消費のあり方だったのだ。

これができていれば、都市と地方、消費者と生産者は連帯し、自ずと絆も紡がれていただろう。大切なのは、緊急時ではなく「平時」の都市と地方の関係なのだと、私は痛感した。

被災地では、いろいろな人と名刺交換をした。たくさんの人と出会い、震災でもなければ出会わなかったであろう大都市の異業種の人ともともに汗を流し、交流し、ときに酒を酌み交わして語り合った。

やがて、私はあることに気づいた。一方的に被災地が助けられているものだと思っていたが、逆に支援者が被災地に助けられているという事実だった。これには驚かされるとともに、よく考えると納得させられた。そして、後で詳しく触れるが、ここに農漁村の可能性、そして都市と農漁村の連帯の意義を見出した私は、視界が一気に開けていく思いだった。

都会から被災地にやってくる人たちが一様に口にしていたのは、「リアリティ」「生きる実感」「生きがい」「やりがい」の話だった。

東京では大企業に勤めていて大きなプロジェクトに参加し、大きなお金を動かしている。その仕事には誇りは持っているけれども、生きている実感ややりがいをなかなか感じられないという人たちが少なくなかった。地方で暮らす人間からすれば、何不自由ない生活を送っているように見える彼らは、これ以上いったい何を欲しているのだろうかと、最初は不思議だった。しかし、彼らと過ごす中で、その意味がよく理解できるようになっていった。

都会のオフィスでパソコンの前に一日中座って数字を追いかけ、キーボードを叩くだけで、いったい誰のために働いているのかわからない。生身の人間同士のやりとりも少ない。突き上げるような感動もない。世の中の役に立てている実感も感じられない。また、スマホ一台あればなんでも購入できる便利で快適な私生活だが、自分が当事者として暮らしをつくる側に回る機会がなく、自分の人生を自分の足で歩いている実感を持てない。

一方、被災地では、目の前に困っている具体的な人間の姿があった。そうして、心を突き動かされ、自分がそれまで磨いてきた技能や積み上げてきた知識、ネットワークを活かし、その人のために行動すると、「おかげさまだった。助かった。ありがとう」という言葉が返ってくる。暮らしに必要なものは、被災者と一緒に知恵をしぼり、体を動かし、隣近所と助け合い、自分たちの手でつくり出す。そこには喜びがあった。

もちろん、被災地でのボランティア活動はお金にはならない。貨幣という見返りはないが、それでも都会の仕事や生活の虚無感を解消させる充実感があった。それは、生きがいやりがいであり、生きることのリアリティともいっていいものだった。

豊かな社会が引き起こした三つの「成人病」

都市住民の仕事における虚無感の背景を聞くと、いくつかの型に分けられるようだった。

ひとつは、仕事が細分化されて自分は巨大なプロジェクトの駒のひとつでしかなく、自分がそれに携わる必要性が感じられないという「存在意義喪失型」。

パソコンの前でひたすら数字だけを追っていて、実体に触れたり現場を経験したりすることがないので、何をやっているのかわからなくなるという「やりがい喪失型」。

よく考えれば、自分たちがやっている仕事は自然や他者を搾取した上に成り立っていることに気づき、後ろめたさを感じる「正義希求型」。

考えてみればどの型も、食べていくことで精一杯の発展途上国ではありえない悩みであり、豊かな社会を実現したがゆえの成人病のようなものだ。

それでも多くの人は、「食べていくためには仕方ない」という圧倒的な現実を前にして、この病を放置したり、見なかったことにしてやり過ごそうとしている。

現在の資本主義社会は、走り続けることをやめたら途端に倒れてしまう仕組みになっているので、走ることをやめるわけにはいかない。自分を、家族を、社員を、国民を守るという大義名分が、この病の放置や、病の悪化に正面から向き合うことを難しくしているように思う。この病を癒やすために、都市住民は被災地に通っているようですらあった。

田舎から都会を見る

都市住民にとって、生きる実感と人とのつながりは、もはや贅沢品になっている。その贅沢品は、地方の農漁村にまだ残っている。私は彼らと付き合う中で、そのことを知ることになった。いや正確にいえば、それが贅沢品であることは、かつて都市生活を送っていた自分には薄々感じられていたことではあった。横浜から岩手に帰郷し、政治家を目指して活動している中で、これからの地方は、都市住民にとっての贅沢品が切り札になると訴えていた。それは半ば本心でもあったが、ふるさとを意気揚々と出て都市で暮らしていた自分が社会に居場所や役割を見つけることができず、そのことを隠しながら帰郷するために掲げた大義名分でもあった。消費社会の都会でリアリティを感じられず、学生時代にそのリアリティを求めて途上国を旅する中で、それが田舎の自分のふるさとにあることに気づいていった。

私は都会で成功する道をあきらめることはなかったが、志望した新聞記者になることはできなかった。つまり都市でうまくいかなかったからこそ、ある意味反動としてふるさとにある「地方の可能性」に目が向いていったような気もする。

県議会議員に当選し、地方の現実社会が抱える課題の矢面に立つようになった私は、岩手は貨幣に換算できないリアリティやつながりがまだ残っていて、その資産を再生・拡大する方向に向かうべきだという大きなビジョンを持った。だが経済が低迷し、所得水準の向上が大きな県政課題となる中にあって、同調する同僚県議はいなかった。

貧困とは、ただお金がない状態のことではなく、「自然やコミュニティから切り離された上でお金がない」状態のことだと私は考える。だから、経済を拡大していくことと並行して、その道が険しいことが明白である以上、自然やコミュニティとの関わりを強めることが大事だと主張していた。その方向が、むしろ成熟した社会にはふさわしい道だ、と。

被災地で出会った都市住民たちは、私の目指す方向に求める未来があることを暗に示してくれていた。それどころか私の場合と違い、都会で志望する会社に入り、一見成功しているように見える人たちの中にこうしたリアリティやつながりへの渇望があるという事実は、私が目指す方向に強い確信を持たせた。

地方も行き詰まっているが、都市もまた行き詰まっている。そして、都市の行き詰まりを解決しえるものが、地方にはある。ならば、都市が地方を支える、助けるという議論とは別に、私たち地方が都市を支える、助けるという議論を堂々と展開していっていいのではないか。両方の議論が重なったところに、新しい社会の萌芽を見つけられるのではないか。お互いの強みでお互いの弱みを補い合う。そんな関係を都市と地方で結ぶ連帯こそ必要なのではないか。

そんなことを思っていた矢先、宮城県南三陸町で私より若い社会学者の山内明美氏に出会った。

南三陸町出身の山内氏は勤務先の東京の大学と、被災した故郷を行ったり来たりの生活を送っていた。私がひとしきり自分の考えを話すと、山内氏はこう言った。

「都市問題を包含するスケールで考えないと被災地の復興は難しい」

都市問題の解決と被災地の復興は別物ではなく、一緒に考えることが双方にとって必要なのだというのだ。その考えに、私は非常に強く共感した。

「これまで相容れないとされてきた『競争を避ける内に閉じた〝地方の共同体を重視する社会〟』と『競争を促進する外に開いた〝都市の個人を重視する社会〟』は、本当に相容れないのだろうか」という山内氏の問いかけに、私は激しく揺さぶられた。

都市と地方の両方で暮らした経験があり、それぞれの魅力と生きにくさを体感してきた私は、その相容れないとされてきたふたつの社会がまざり合った社会のイメージに非常に惹きつけられた。

それがどんな社会なのか見てみたい。しかし今はない。であるならつくればいい。

のちに山内氏を理事に迎えて立ち上げたＮＰＯ法人「東北開墾」の、「都市と地方をかきまぜる」というコンセプトは、ここから来ている。

二　ふるさとができてよかった

地方に憧れる若者たち

震災後時間が経つにつれて、被災地にボランティアにやってくる人の数は減っていったが、定期的にやってくる人と被災地の結びつきは強固になっていった。彼らは休日や長期休暇になると、繰り返し繰り返し被災地にやってくる。まちづくりや一次産業支援、コミュニティ運営など様々な分野で、仕事で磨いてきたスキルと蓄積してきたノウハウを活かし、特定の人や地域に関わり続ける。一過性ではなく継続してやってくることで、人や地域が立ち上がり、変化していくことを共有できることに喜びを感じていたのだ。住民票は都会にあるのに、むしろこちらの地域に住民票を置いているかのように、他人や地域を気にかけていた。

中には、血縁はなくとも、まるで親子や親戚のような深い付き合いに発展している人も見受けられた。「自分の親には話せない悩みでも、わが子のように接してくれる付き合いの深い被災者には話せるんです」と吐露する若い女性もいた。家族の関係が希薄になる中、まるでそれを補完するかのような関係をつくっていた。

私は都心で定期的に都市住民と車座座談会を開いているが、都会にいながらにして被災地に対して常に心を寄せている人も少なくないことがわかった。実際に被災地に出向くことがなくなっても、被災地のボランティアで感じた生きる実感ややりがいなどを感じるために、被災者が都内の復興イベントに参加する際に手伝いに馳せ参じる人もいる。被災地文脈とは関係なく、余暇の時間を活用して、生きる実感ややりがいを満たすために、プロボノ（自らの専門知識や技能を生かして参加する社会貢献活動）やボランティア、趣味の活動に勤しむ人たちが多いことにも気づかされた。

「食うための仕事」と「二枚目の名刺」

そういう人たちに共通しているのは、昼間従事している仕事は「食う」ためにやっていて、それに飽き足らないということだった。自分自身が食べるため、家族を食べさせるためには、お金が必要だ。だからやりがいのあるなしには目をつむって、割り切って働く。そして本当に自分がやりたいこと、やりがいを感じられることは、職務外の余暇の時間にやるという、パラレルキャリアを志向する人たちが本当に都会には多い。

そういうスタイルでパラレルに働き生きる人たちは、「二枚目の名刺」を持っている。「三枚目の名刺」「四枚目の名刺」を持っている人もいた。彼らと名刺交換をすると、面白いことに本業の名刺についての説明は実にあっさりしていて、二枚目の名刺についてはは熱っぽく語るのである。ソーシャルビジネス、まちづくり、イベント開催、ボランティア活動など、二枚目の名刺で活動する先は、小さくて手触り感があり、目に見える相手との関係性があり、自分の役割ややりがいを感じられるところだ。

本当にやりたいことは、二枚目の名刺の方なのに、そちらだけでは飯は食っていけない。もしすぐにでも食えるのであれば、本業から転職するだろう。しかしその道を選ぶ人はわずかだ。会社を辞め、海を渡って海外でＮＧＯ活動をする、被災地に移住して起業する人たちは昔も今も一定程度いる。そうした勇気と自信と能力に溢れる人たちを、これまで圧倒的大多数の普通の人たちは羨望の眼差しで見つめ、自分にはとても無理だとあきらめていた。

しかし被災地で私が出会ったのは、さすがに会社を辞めることまではできないけれど、仕事が終わった後の夜間や、休日や長期休暇に、社会的意義のある分野に時間と労力を注ぐ人々だった。この圧倒的大多数の中間層が、たとえば一週間のうち二時間、給料の二パーセントをその活動に使い始めたら、社会は大きく変わっていくだろう。そう私は感じた。

そしてこうした胎動に現実味を感じるのは、彼らが誰かのために生きることを通して、自分の中に乏しい「生きる実感」を埋めることで自らを救っていたからだった。自分のためには貪欲に生きることはできなくても、困っている他人のためには貪欲になれる。そんなある意味で奇特な人が、若い世代の中に散見されるのだ。こうした胎動が大量消費文明の先頭にいる日本で生まれているのは必然だとも思う。

帰省ラッシュがなくなる日

二枚目の名刺を持つ生き方は、すでに震災前から都市部に広がりつつあったようだ。思うに東日本大震災はリアリティのパンドラの箱を開け、結果としてこのような生き方の延長線上で、被災地通いを始めるボランティアが生まれたとも考えられる。彼らにとって被災地は、二枚目の名刺の所属先だったのだ。その馴染みになった被災地の地域を「第二のふるさと」と呼ぶような人たちも現れ始めた。

＊

「私、田舎がないんです。だから、帰省とかってしたことないんですよ。夏休みになると、おばあちゃんやおじいちゃんのいるふるさとに帰省するっていう友達がうらやましかった」

都心で車座座談会をしていると、そんなことを言う若い都市住民が多い。私は都会で会う若者に片っ端から出身地を尋ね始めた。都会出身であることがわかると、「ふるさとってありますか？」と尋ねる。そして、そのたびに、「ない」と答える若者が本当に多いことに驚かされた。

慶應義塾大学のあるゼミで講義をさせてもらったとき、生徒に出身地を尋ねたこともあった。七〇人くらいいる中で、七割近くが首都圏出身と回答した。私が大学生だった二〇年前、もっと地方出身者の割合は多かったような気がする。驚く私にゼミ担当の教授は言った。

「今、東京の私大はどこもローカル大学になってしまった。昔は、全国各地から生徒が集まっていたが、今は多くが都会生まれの子たちです」

経済格差という理由で地方から都会への進学が減っているという理由もあるだろうが、やはり圧倒的に若者の数が、都会と地方では違ってきているのだろう。

かつてはそんなことはなかった。戦後、全国各地の農漁村では長男が残り家を継いだ。農業の近代化・機械化で、それまで一〇人でやっていた仕事もひとりでできるようになり、手余りになった次男以下の兄弟は、都会に出た。彼らが工業立国としての戦後の日本を支えたのだ。そうしてでき上がったのが、東京、大阪、名古屋などの大都市だった。

だから都会と田舎は兄弟の関係だった。都会に暮らしていても、ふるさとには必ず兄弟がいた。その多くは農家か漁師だ。ところが終戦からも七〇年が経ち、世代は三回転した。都会と田舎との関係は薄れ、もはや帰省先がない、ふるさとがないという「都会生まれ都会育ち」の若者が量産されているのだ。

首都圏(一都三県)の人口が日本全体の約三割を占めるこの時代、首都圏生まれの両親を持つ「都会生まれ都会育ち」の若者がどんどん増えている。そういう若者は、盆暮れ正月の帰省経験がない。このままでいくと、盆暮れには必ずニュースになる高速道路、新幹線、飛行機などの「帰省ラッシュ」もいつかなくなるだろう。そうなれば、かろうじて「血」でつながっていた都市と地方の分断は決定的になってしまう。

人間は元来、生まれ育った環境にないものを求める。だから私のように田舎で育った人間は、チャンスと偶然の出会いに満ちたきらびやかな都会に憧れ、上京する。かつて東京はそうした田舎者の集まりだった。しかし今、完成された消費社会の東京で生まれ、東京で育った若者が増え、彼らにはその環境の中で「生きる実感」や「コミュニティ」「自然を実体験する機会」がほとんどなかった。ゆえに心から田舎の自然や地域社会に憧れている若者たちが少なくない。

「高層マンションで生まれ育ち、親戚付き合いや近所付き合いをしたことがない。隣に暮らす人が何をやっている人かもよくわからなかったが、田舎に行くと、みんな玄関に鍵はかけないし、おすそ分けで食べものを共有しているし、まるで集落全体が家族のようにしてそれぞれを気遣っていたことに驚き、うらやましいと感じた」と語る大学生もいた。

私はかつて、地縁血縁に基づくコミュニティ、濃い人間関係が窮屈で煩わしさを感じ、それが嫌で田舎を出て上京した。しかし都会生まれで都会育ちの若者は、逆にそうした濃い人間関係やつながりをむしろ目新しいものとして新鮮に捉え、大きな価値を感じていたのだ。都会が失った価値を求める彼らは、その価値が農漁村には残っていることに気づき始めている。今日の若者たちは、そこに「第二のふるさと」を見ているのだ。

彼らの中には、「血縁でつながるふるさとがなければ自分でつくってしまえばいい」と考える若者がいる。彼らの存在が、私には希望に感じられる。

疲弊する都会

個人主義が幅をきかせる都会では、家族や地域などの人間関係が希薄だ。

私の友人に、都会の孤独死を追って、孤立した人間の悲惨な最期を撮影し続けているカメラマン・郡山総一郎氏がいる。彼はこんな話をしてくれた。

「孤独死の現場は、警察が調べた後、最初に清掃会社が現場に立ち入ることになるので、私はそれまでの仕事をすべて辞め、清掃会社にアルバイトとして勤め、孤独死の現場に最初に足を踏み入れ、片づけながらシャッターを押し続けています。

たどりつくのは団地やアパートの一室。入ると鼻がもげるような腐臭が立ち込めますが、部屋の状況そのものはまるですぐに居住人が帰ってくるかのような自然さです。普通に暮らしている中で、ある日倒れて、あるいは衰弱して、そのまま息絶えるわけだから、生活感が残っているんです。

孤独死というと、身寄りのない人か、身寄りがいても遠方に住んでいるケースなのだろうと思っていましたが、都会で孤独死した人の半分は、親族が目と鼻の先に暮らしているケースでした。それでも遺体は死後二カ月後に発見されたりする」

つまり日常生活の中で、親族や隣近所と会話することがなかったということになる。人間関係の断絶によって、孤独死に追いやられているのだ。

こうした孤独死は、東京の団地やマンションでは一日平均約一〇件起きているという。これが都会の実情だ。

一方で、「孤独死の何が問題なのかわからない」という会社員の女性にも出会った。彼女は、車座座談会でその思いをこう語った。

「家族を持たない、持っていてもそれぞれ独立した個人として生き、最後はひとりで静かに終わりたいと自ら選択するのであれば、それもひとつの生き方ではないか」と。

そういわれてみると確かに、死に様は個々人の選択の問題であり、孤独死をひとくくりにして悲劇的なことと断定するのもおかしい話だとは思った。煩わしさに頭を悩ませるくらいだったら、孤独死は覚悟の上で個人としての自由な暮らしを最後まで貫き通したいという生き方が、選択肢のひとつとして許容される時代になってきているのかもしれない。

しかし、そうした生き方はあるとしても、望まない形での孤独死はやはり痛ましい出来事といわざるをえない。

孤独死だけではない。これから都会では一気に高齢者が増えていく。やがて介護施設や病院は高齢者で溢れ返るだろう。介護難民、医療難民の出現だ。ある日の車座座談会では、子どものいない五〇代の女性が、夫とどちらかが先に逝った後にこの都会でどうやって生きていくのかを考えるととても不安だ、と告白してくれた。

あるいは自由を求めて都会に出たはずなのに、その自由な暮らしを維持するために非正規雇用での就労を余儀なくされ、家族と過ごす時間や余暇の趣味を楽しむ時間がなくなり、逆に不自由になっている人々の姿も散見される。

政府の肝いりで地方創生が叫ばれ、人口減少、高齢化、経済縮小など、疲弊する地方をいかに立て直すかの議論がなされているが、都会での生きづらさも増しており、社会は臨界点に向かっている。

その都会が抱える問題への解答を、地方はいくつか用意できるのではないだろうか。これまでは都市と地方のどちらが豊かなのか、という二項対立の議論が続けられてきた。だが、双方によいところと悪いところがあるのだから、それぞれの強みでそれぞれの弱みを補い合う関係はつくれないだろうか。これからの日本社会を考える上で、それは大事な視点だと私は思う。

支援から連帯へ

被災地では盛んに「支援」という言葉が使われていたが、私はいつしか違和感を覚えるようになっていた。支援する側は口にこそ出さないまでも、「かわいそうな人たちだから助けてあげる」という上から目線があるように感じた。本人たちは自覚していないかもしれないが。

一方支援される側も、段々に卑屈になっていくようだった。人間、与えられるだけでは、卑屈になるのも当然だ。与えられると同時に他人に何かを与えることで、人間として初めて自分の足で立っていられるのではないだろうかと思う。

支援とは一方通行の片思いであり、長続きしない。そこには見えない上下関係が存在する。対して連帯は、互いの強みで互いの弱みを補い合う関係であり、両思いなので長続きする。東日本大震災直後の「絆ブーム」は瞬く間に風化していったが、それは「支援―被支援」という片思いの関係だったからなのだと思う。もちろん、支援は被災地にとっては大きな力になったが、被災者の自立を妨げるような過大な支援を与えたり、支援者の自己満足が達成されて二度と来なくなったりして、結果的に自分の足で立ち上がれない被災者たちが残された。実際に被災地で見られた光景だ。これでは元も子もない。

　この震災時に見られた支援という上下関係は、こうした緊急時だけではなく、平時における都市と地方の関係にもあてはまるのではないだろうか。都会が上で、田舎が下というメンタリティが根づいてしまっているような気がする。その上下関係は、そのまま消費者と生産者の関係にも置き換えられると思う。経済効率という単一の物差しに多様な価値を押し込めて測り、優劣をつけてきてしまったからではなかっただろうか。

　お互いに生み出す価値を尊重し合い、認め合い、理解し合う関係こそが、対等な関係なのだと思う。それには支援ではなく、「連帯」という関係が必要だ。互いの価値を認め合い、互いの長所で互いの短所を補い合う「五分五分」の関係。こういう対等の関係ができてこそ、初めて地方は都市への依存から抜け出し、自立することができるだろう。

　フランスのニースでレストランを経営する知人の松嶋啓介シェフは、フランスの都市と地方の関係は対等であり、日本のそれとはだいぶ違うと言っていた。農業国家であるフランスは、国家産業である観光業や飲食業を地方の農業が支えている。ミシュランの星付きレストランのシェフの本には、必ずその地方の特産物を生産する農家や畜産家の写真が添えられている。その生産物がなければ、美食文化はなりたたないと互いに尊敬し合っているのだ。だからフランスでは、日本のような極端な地方の衰退は起きていない。日本もフランスのあり方に学ぶべきだ。

「ふるさと難民」である都市住民へ

そもそも「ふるさと」とはなんだろうか。みなさんにとって、ふるさととはどんなところだろう。人によっていろいろ定義やイメージは異なると思うが、私はふるさととは何かと問われれば、「海と土」だと言うようにしている。私たち人類は海から生まれ、今なお海と土からできる食べものを食べて生命と身体を維持できている。死ねば火葬されて灰となり、海と土に還る。いわば海と土は生命のふるさとなのだ。その海と土から遠く離れてしまった人たちのことを、私は「ふるさと難民」と半分皮肉を込めて表現している。

しかしより正確にこの言葉を捉えるなら、私自身も難民であることに気づく。日頃の暮らしの中で海や土と関わることがなくなった消費者は、この定義にあてはめるとみんなふるさと難民となる。大都市にいる人だけではなく、地方の農漁村に暮らしていても生産活動をしていない人たちはふるさと難民だ。田舎であっても車で会社に通勤して、一日中パソコンの前で仕事をしている人はもはや都市住民とほとんど同じだ。つまり田舎の中にも都会があるということである。

海や土と関わりながら生産者が生きる場がふるさとであり田舎だとすれば、海や土との関わりを絶って生きる消費者はふるさと難民であり、その場は程度の差こそあれ都会的だといえる。

生命のふるさとから離れて生きることの問題はどこにあるか。

それは「生命体としての自分」を自覚できなくなることにあるのではないだろうか。だからこそふるさと難民である都市住民は、リアリティ（生きる実感）と関係性（つながり）を渇望している。生きる実感とは、噛み砕いていえば、自分が生きものであるということを自覚、感覚できるということ。生命のふるさとである海と土から自らを切り離してしまった都市住民が生きる実感を失っていくのも、当然のことではないだろうか。

生命のふるさととは、言い換えれば自然だ。自然は生きている。その自然の生命を自分に取り入れることで、私たちは生命を持続させる。私たちも死ねば最後は土や海に戻り、微生物に食べられる。

この生命の大きな輪の中の一端を担っているという無意識の感覚が、生きる実感なのだと思う。自然には意識はない。だから、動物や昆虫、植物にも意識がない。人間も言葉がなかった非言語の時代には、無意識の領域が大きく、「自分は自然で、自然は自分」という感覚を無意識に持っていただろう。ところが、人間が言語を獲得してから、意識の世界が無意識の世界を凌駕していった。その意識の世界一色になった現代でも、自然と共に生きる農家や漁師には無意識の領域が残っている。だから、彼らには「生きる実感」があっても自覚はないし、言葉にならない。

その一方で、「自然」という無意識から完全に離れて「人工」という意識の世界にだけ生きている私たちは、生きる実感がない。ゆえに、自然という無意識の世界に触れ、自分の無意識の領域の扉が少し開き、生物としての自分を自覚すると「ない」ものが埋まるので、「ある」と意識でき、「生きる実感を感じた」という言葉になる。

もうひとつ、人間同士の関係性の希薄化も、人々がふるさとから離れてしまったことに大きく関係しているように思う。

かつて人間は、剥き出しの自然に日常生活をさらして生きていた。自然災害だけでなく、獣などの動物から身を守る必要もあった。ひとりでは到底生きていくことなどできなかったのだ。だからこそ人々は群れをつくり、コミュニティを形成し、互いの役割を果たし合いながら力を合わせて生きていた。そこには他者のために自分が必要とされているというわかりやすい依存関係が存在した。

ところが自然の脅威から守られた都市という要塞に暮らすようになると、この共依存関係が崩れ、コミュニティは弱体化することになる。貨幣経済に組み込まれることで、問題解決は「相互扶助」ではなく、サービスの購入や税金という対価を支払った末の行政サービスという形に変わる。さらにインターネットの普及でますますコミュニティの存在意義は薄れ、解体へと向かっていく。

多様化・専門化・巨大化する職場で

限られたコミュニティの中では互いに人間関係に依存する必然性があり、誰かにとってかけがえのない人間になりやすい、あるいはならなければコミュニティの中で生きていけない。ところが都市化とインターネットの普及によって、コミュニティの必要性は希薄になり、私たちは誰か特定の他人に依存する必然性がなくなった。

そのときどきで自分が必要とする最適な人と組み、さらに最適な人が見つかればそちらに乗り換える。そういう物理的な選択が可能だからだ。離婚が増加する一途にあるが、まさにこのことの発露だと思う。人々は自分が誰かに捨てられる、見切られる前に、相手を捨てる、見切る。そして新たな人に乗り換えようとする。それは自分が傷つくことから逃れるための自己防衛なのだ。

ある障害者の方が、「自立とは多様な依存先があること」と言っていた。なるほどと思う。依存先がひとつしかないと、その依存先がなくなった途端に自分の足で立っていられなくなる。そして依存度が強いほど、相手に見切られたくないので相手に合わせることで自分らしさを失う。多様な依存先があれば、どこかひとつダメになっても拠り所は他にもある。だから立っていられるし、自分らしく生きることもできる。

かつての家父長制度時代において、家長以外はまさに依存先が極めて少なく、自分らしさなど問題とされず、個人は抑圧されていた。しかしインターネットが普及した現代においては、関係を持つ相手の選択肢がありすぎて組み合わせは無限大。常に取り替え可能だ。こうなると、もはやある程度継続していくことを前提とする「関係」ということが成り立たず、人間をも消費の対象と見なしてしまうことになる。そして人々は「関係性」に飢えている。

職場はどうだろう。職場の中でかけがえのない関係性をいくつ持っているだろうか。

今職場では多様化・専門化・巨大化が進み、同じ空間にいても、お互いに何をしているのか把握できなくなっている。その結果お互いに必要とされる関係、敬い合う関係をつくりにくくなっているのではないだろうか。そういう人々が二枚目の名刺を持って向かっている先は、まさにお互いの顔が見える関係性で成り立つ場であることが多い。

社会学者のジグムント・バウマンは『液状不安』（青弓社）などの著書で、関係性が希薄化した社会を「リキッド・モダン」と呼んでいる。現代の都市では、これまでのソリッド（固定的な）社会から、リキッド（流動的な）社会へと変わった。流動化社会への移行は、好むと好まざるとにかかわらず不可逆的な動きで、ますます社会は流動化していくと悲観している。

他者と深く関わろうとしないことは消費社会における自己防衛であるから、社会の流動化の流れを止めることは難しい。これに対する私の考えは、社会が流動化していくことを前提にして、いかに関係性、あるいはリアリティを回復させるかが大事であり、そのためには間接的にふるさとに接続する「回路」を取り戻すことだと思っている。

人間は社会的動物といわれるが、私たちは他人との関わり合いの中でしか自分という人間を捉えることができない。それはちょうどパズルのピースのようである。パズルのピースはひとつだけでは、どこにはまるピースなのか自らを規定できない。

同じことは生物学的にもいえる。細胞というのは、周りの細胞を認識できないと自らが何になるのか認識できないという。

私たちが暮らすこの都市社会は、パズルのピースが多すぎて、しかも常に移動している。だからこそ自分の周りにフィットするピースを見つけられず、結果、自分を規定できない。つまりは、アイデンティティが確立できないという問題になる。だから自己啓発セミナーのニーズは、増えることはあっても減ることはない。多くの人が自分探しにお金をかけて躍起になっているのには理由があるのだ。

食べることは自然との唯一の接点

そもそも自然とつながって生きる人々には、自己など存在しない。自然は自分であり、自分は自然なのだから。自分も自然の一部だという感覚があれば、そこに自己という独立した存在は成り立たない。したがって自然という概念も存在しない。自分と自然は一緒なのだ。

自然と暮らすアイヌには「自然」を表す言葉がなく、あえて表現するなら「カムイ（神）だ」と彼らは言う。農家が持っている「田んぼは自分で、自分は田んぼである」という感覚。漁師が持っている「海は自分で、自分は海である」という感覚。こういう感覚を持っている人の中で、自分探しに頭を悩ませている人を見たことがない。そして生きる実感がないと悩んでいる人もいない。

ふるさと難民がこうした感覚を取り戻せるとしたら、それは生産者、そして生産者の向こうに広がる自然とつながれる「食べもの」、あるいは「食べる」という接点を捉え直すことによると私は思っている。私たちは食べる行為を通じて、環境（自然）が私たちの体を通過している。そして体の一部とその自然は常に入れ替わっている。

生産者と消費者の関係は、現代の流動化社会においても、お互い依存できるわかりやすい関係ではないだろうか。消費者は食べないと生きていけないし、生産者は買ってもらわないと生活できない。お金と食べものという交換可能な貧しい関係を、食べる人とつくる人という交換不可能な豊かな関係に昇華できれば、私たちはこの流動化社会を漂流しながらも、溺れずに泳ぎ切ることができるのではないだろうか。

後の章で詳しく述べるが、都会と田舎が価値で結びつく新しいコミュニティの中心には、だからこそ農漁業があると思う。

防潮堤という監獄

被災地では今、巨大防潮堤の建設が続いている。陸と海とを隔てるコンクリートの壁。このことは何を意味するのだろうか。被災地も巨大防潮堤建設で都市化への道を一歩前に進んでしまったと、私は残念に思っている。確かに震災直後、一部の漁師を除く多くの被災者には、津波への不安から少しでも高い防潮堤を望む声が多かった。

しかし震災から五年経過した今、各地で巨大防潮堤が姿を現すにつれ、「まるで刑務所の中にいるようだ」「こんなに大きいものだとは思わなかった」「海がまったく見えなくなってしまった」という戸惑いの声が聞かれる。地域によっては、反対の声が増え、計画通りに進んでいないところもある。

巨大防潮堤は、一〇〇年に一日起こるかどうかの、いわば非日常の論理でつくられる。それに対して残り九九年三六四日をいかに豊かに暮らすかというまちづくりは、日常の論理でつくられる。今回の大震災では、この非日常の論理から復興計画がスタートしてしまったことが不幸の始まりだった。

非日常の論理と日常の論理はどうしてもぶつかり合う。非日常の論理を優先して高い防潮堤をつくると、例えば漁師が海に出にくくなるなど、生活面での利便性を失ってしまうことになる。本来ならば、せめぎ合う非日常の論理と日常の論理の落とし所を、時間をかけて住民たちで議論することが必要だったと思う。そうすれば、地域によって違う答えが出ただろう。それこそが地域コミュニティの特質であり、地域の文化に他ならない。

日常生活の利便性をとった分だけ、防潮堤は低くなる。その場合、どうやって自分たちの命をコミュニティで守るかという議論になる。さらに日頃から絶えず自然に対する構えを正しておかなければならなくなるので、伝統芸能などの文化で次世代にその姿勢を受け継いでいこうとするだろう。まさにこれまでの東北沿岸部がそうだったのではないだろうか。

近代建造物に自分たちの命の防御を委ねる巨大防潮堤の建設は、地域コミュニティを解体する方向に遠心力が働く。東京を見ればそのことがよくわかる。自然を排除する都市化とはそういうことであるし、自然への畏敬の念を失った地域に文化が育まれることはない。

生と死は切り分けることができない。私たちは生まれた瞬間から死へのカウントダウンが始まっている。誰もこの宿命からは逃れられない。しかし死を忌々しいものと嫌い、避け、目を背けることは、同時に死に向かった生のカウントダウンも止めることになる。生が永遠に続くような錯覚に陥り、生をないがしろにする。生老病死を避けられないものとして受け入れる姿勢を保つことこそが、私たちの生を浮上させるのだ。そしてそれを意識するがゆえに生まれる「無常感」から逃れるためには、悠久の命の循環の輪の一部に自分もあることを自覚することしかない。そうすることで死の恐怖を和らげることができる。こうした時間感覚でしか、息の長い文化は生まれようがない。

前述したように、あの大震災で多くの都市住民が被災地に引き寄せられたのは、その無常感がそこにあったからではなかっただろうか。普段目に見えないところに自ら追いやっていた「生」と「死」が、あのとき被災地では地続きになっていた。その地続きが分断されているがゆえに、「生きる実感」を喪失している都市住民が熱心に被災地に向かったのだと思う。

そして都市住民が被災地で目撃したのは、近代社会の中でかろうじて残っている、地続きの「生」と「死」の先に生まれている地域コミュニティと一章で述べた郷土芸能の世界であった。多くの都市住民は心をわしづかみにされ、魅了され、この価値を再生する作業に参加したい、力を発揮したいという気持ちになった。それは当然といえば当然のことであった。

私はその姿に、新しいふるさとづくりの萌芽を感じていた。これからはその地域に住民票を置いている住民だけを相手にした地域づくり、まちづくりではなく、住民票は都会にあっても、自分のふるさとのような価値を感じてくれる都市住民が継続的にスキルやノウハウを注ぎ、関わり続ける仕組みが必要だと感じた。

都市と地方をかきまぜる

ふるさと難民たちを積極的に捉えれば、土地に縛られずに価値を求めて自由にあちこちを行き来できる「遊牧民」のような存在とも捉えられる。遊牧民たちが求める価値は、都市が持っていない価値であり、それはリアリティや関係性などである。

もっと分解すると、身体性、関係性、多様性、精神性などだ。

これら都市が失った価値観がどこにあるかと目を凝らして見れば、それはかつて捨ててきたはずのふるさとにかろうじて残っていることに気づく。しかし海と土と結びついたふるさとは、もはや地縁血縁だけでは守りきることができないほど衰退している。ならば一緒にその価値を守り育てればいいじゃないか、というのが私の考えだ。

農耕民や狩猟民が生きる農漁村に遊牧民が定期的に訪れ、共有する価値を守るために互いに役割を果たし合う。都市住民はリアリティや関係性を手にし、農漁村の地域住民は活力と課題解決力を手に入れる。

このような遊牧民のライフスタイルでは、一年のある一定期間地方で暮らすことになる。さながら江戸時代とは逆のベクトルで「逆参勤交代」だと、以前養老孟司さんとの対談で盛り上がったことがある。

養老さんは「都市の脳化社会の病いを克服するためには、都市が排除している自然に定期的に触れることが大事だ」と言っている。まったく同感だ。

地方自治体は、いずこも人口減少に歯止めをかけるのにやっきだが、相変わらず観光か定住促進しか言わない。しかし観光は一過性で地域の底力にはつながらないし、定住はハードルが高い。私はその間を狙えと常々言っている。観光でも定住でもなく、「逆参勤交代」で地方を定期的に訪ねるというニーズは、広がる一方だと思う。交流人口と定住人口の間に眠る「関係人口」を掘り起こすのだ。

日本人自体がどんどん減っていくのだから、定住人口を劇的に増やすのは至難の業だ。しかし関係人口なら増やすことができる。私の周辺の都市住民たちには、移住は無理だけれど、こういうライフスタイルならできるという人間がとても多い。現実的な選択肢だ。関係性が生み出す力をいかに地域に引き込むか、である。

昨年、地方に移住したいと答える若者が過去最高になったという内閣府のアンケート結果が公表された。しかし注意して見なければならないのは、その条件である。

多くの人が、移住の条件に、医療と仕事をあげている。つまり都会にあるような病院と仕事があの自然豊かな田舎にあるのなら行ってもいい、と彼らは答えている。つまり彼らは来ない。そんなことはありえないのだから。

希望を見出せるのは、条件さえ整えばもう満員電車はごめんだとも言っている点だ。つまり地方に憧れているのだ。ここに着目すれば、彼らはいきなり移住は無理だけれど、憧れているところに定期的に通う生き方だったらやってみたいと言っているのだ。

田舎から都会に出ていく回路は、進学、就職と圧倒的に広い。対して都会から田舎に出向く回路は、観光と移住しかない。これをさらに拡大するには、関係人口という考え方で定期的に通ってくれる人たちを増やすことだと思う。

被災地に数多《あまた》集った都市住民たちは、半ば直感的、本能的にその回路を開こうとしていたのではないだろうか。これをもっと自覚的に「都市と地方をかきまぜる回路」としてつくれないだろうか。震災などの緊急時だけではなく、平時にも都市と地方がつながる回路を。

私はその思いから、あるアクションを始めることになった。

第二章

消費者と生産者も「かきまぜる」

一　ＡＫＢ48に見るマーケティング3.0時代

なぜ「食」だったのか

第一章では私が知った食べものの裏側の驚異の世界を描き、そこで出会った農家や漁師の生き様、哲学、人柄への憧れと共感を述べた。第二章ではその共感が、東日本大震災後に被災地を訪れた若者たちを中心に、多くの都市住民の間に広まっている状況を語ってきた。私も都市住民たちも、救いに行ったはずの被災地で被災者から救われていた。つまりお互いの強みでお互いの弱みを補う関係性が生まれたのだ。

この共感と関係性を、緊急時だけではなく平時に生み出せないか。そうした対等なつながりがたくさんできれば、都市と地方は主従関係から対等関係になることができるのではないか。

本章では、平時でも都市と地方を生きる人たちの共感の輪を広げようと始めた「東北食べる通信」の挑戦について取り上げてみたい。

なぜ食の分野を選んだのか。それは都市と地方をかきまぜる上で、最もわかりやすいと思ったからだ。誰しもが一日三度食事をする。食は人間にとって最も身近な行為であり、食べる人が都会にいて、つくる人が田舎にいる。そこに都市と地方を結ぶ本質的な「回路」の可能性を感じたのだ。

「共感と参加」の時代

私たちは今、どんな時代に生きているのだろうか。なぜこんなに被災地支援や生産現場への「参加」が広まっているのだろうか。

そのことを考えるときに、私はあるアイドルグループのことが頭に浮かぶ。一世を風靡した「ＡＫＢ48」。作詞家の秋元康さんがプロデュースしている、あのあどけない女子たちで結成されたアイドル集団のことだ。

当初ＡＫＢ48は秋葉原に専用の小さな劇場を持ち、連日舞台公演を続けていた（今もそれは続いている）。そのコンセプトは「会いに行けるアイドル」。メディアにのってイメージだけを拡散する雲の上のアイドルではなく、劇場に行けば実際に握手することができる身近なアイドルとしてのスタートだった。それはこれまでのアイドル像をある意味で壊し、いわば「アイドルの民主化」への挑戦だった。

その集団が約一〇年を経て、「国民的アイドル」とまでいわれる人気者になった。年末の紅白歌合戦の常連になり、レコード大賞も受賞した。メディアからは連日のようにその歌、映像、画像、文章などが発信されている。秋葉原だけでなく名古屋、大阪、博多、新潟、ジャカルタ、上海と、国内外に姉妹グループを展開するまでにもなった。

なぜそんなに人気が出たのか。なぜ世の中にこんなにも受け入れられたのか。

それは現在の私たちが生きている社会や時代に、理由があると思っている。

本当に物が売れない時代

現在の日本社会は、世界一成熟した消費社会だといわれている。戦後復興を短期間で成し遂げ、人類史上稀に見る贅沢の限りを尽くしたバブル経済を経験し、あらゆる意味で成熟した社会となった。その結果、物は世の中に溢れている。

スーパーや百貨店、コンビニエンスストアの棚に物が溢れているだけではない。標高二〇〇〇メートルを超える山頂にある山小屋から家庭に至るまで、トイレにウォシュレットが備えてある。あんな便利で快適なものがこんなにも普及した社会が他にあるだろうか。歴史的に見ても、一般庶民の生活の細部にこれほどに物が普及した社会があっただろうか。

私たちの住む現在の日本には、物が過剰に溢れている。史上最も成熟した消費社会。それゆえに、これ以上の需要を喚起しにくい社会といっていいだろう。多くの企業は人々の生活の余白を見つけては、必ずしも生きるために必要不可欠とはいえない新しい物をつくって売ることを繰り返している。それにしてもいよいよ余白がなくなりつつある。先進国を悩ます需要不足の問題に真っ先にぶつかっているのが、日本だ。

だから今日では、あらゆるシーンで物が売れなくなっている。家電も車も洋服もCDも本も新聞も、日本国内では販売量は減っている。百貨店もスーパーも悲鳴をあげているし、既存のメディア界（テレビ、出版、新聞）は青息吐息だ。もちろんその何割かはネット通販やネット媒体にシフトしているわけだが、人々の欲望、これまでの形での量的な消費に陰りが見え始めている。

欲望の対象は、物から別のものに変わりつつある。

では、人々の欲望の対象は何に変わったのだろうか。たとえば大手老舗百貨店の三越伊勢丹やセレクトショップ「ビームス」の経営者たちは、「物を売らずに事とコミュニティを売る」と公言してはばからない。イベントを開催して集客したり、SNSなどのネットメディアを使って会員を囲い込んだりして、コミュニティをつくってセグメントした商品やサービスを売っていくスタイルだ。

現在の消費者（ことに都市住民たち）の一部は、物が欲しいのではなく同じ事や行動を志向するコミュニティを求めている。アイデンティティを形成するために、価値観を共有する仲間や空間を欲しているのだ。その価値観を提供するための取り組みが、様々なシーンで起こっている。

かつてケインズはこう言った。

「消費社会が成熟すると退屈が支配する世界がやってくる」と。

つまりあらゆる物が身の回りに溢れると、人は単純な消費には退屈し、文化や芸術、スポーツといった「体験型消費」を欲するようになる。

あるいはひとつの物を買うにしても、価格や品質、デザインなどが決め手ではなくなる。その裏側にある「物語」に共感できるかどうかがポイントになる。この物が生まれてきた歴史的意義とか、それを買うことで地域に貢献できるとか、貴重な伝統技術の維持保存につながるとか、そういった「価値」に共感する消費者が少しずつ増えているのだ。語弊を恐れずにいえば、被災地支援もこの文脈に沿ったある意味で体験型消費だったのではないだろうか。

いかに共感させ、いかに参加させるか

マーケティングの世界的権威、コトラーは、そういう現代の人々の消費行動を「マーケティング3.0」という言葉で表している。

そのキーワードは「共感と参加」だ。

ただ物とお金を交換するのではなく、人々はその物の背景にある価値観に「共感」したり、その物の価値を高める物語づくりに「参加」したりすることを求めている。

冒頭で語ったＡＫＢ48の人気の秘密はここにある。

ＡＫＢ48とこれまでの他のアイドルとの違いは、マーケティング3.0を実践しているか否かにあると私は思う。

これまでのアイドルは、テレビ画面や誌面で見せる可愛い笑顔や美しい姿を汚さないため

に、その舞台裏は徹底的にベールに包んでファンには見せなかった。見せるときは周到に演出された「フィクション」として提示していたのだ。

ところがＡＫＢ48は違う。このグループに加わった新人が、どのような動機で芸能界を目指しているのか。どのように成長していくか。あるいはときにどんなふうに挫折していくのかを、ドキュメンタリーで「リアル」にファンに見せる。その「物語」に共感してくれるファンを増やすためだ。彼女たちは完璧なアイドルではない（歌、演技、容姿、存在感、すべてにおいて）ので、ファンたちも自分自身に照らし合わせると共感できるところが見つけやすい。

その上で秋元康は、今度はアイドルを成長させる仕組みへの「参加」を求める。たとえば「総選挙」というイベントを通して。

ＡＫＢ48が毎年行う「総選挙」は、在籍メンバーが一〇〇人をくだらない中で、ステージに立つことができる選抜メンバーを選ぶためにある。投票の頂点に立てば、憧れのセンターステージが待っている。

もちろんそこにはビジネスの仕掛けが施されていて、選挙への投票権を得るためにはファンクラブに加入するか、選挙直前に発売されるＣＤに付いてくる投票券を使うしかない。自分が応援する子に一票でも多く投票するためには、ＣＤを何枚も買わないといけないのだ。総選挙翌日、ある全国紙に、大学生が吉野家でアルバイトして貯めた二〇万円をすべてＣＤに投じて応援した例もあると書いてあった。その子が得票を伸ばせば活躍の舞台が広がるので、まるで自分が育てている気になっていく。その結果、大金を投じてしまうのだ。

つまりファンたちは、投票という行動を通してＡＫＢ48の物語に参加していく。その臨場感と達成感、充実感こそが、ＡＫＢ48というビジネスモデルの魅力になっている。

まさにコトラーの「マーケティング3.0」の具現化だ。彼女たちの物語に共感した人は、今度は参加するようになる。逆にいえば、共感のないところに参加は生まれない。

＊

このことから考えると、現在の日本でひとつのビジネスを成功させるためには、ユーザーの「共感と参加」が得られるような仕組みを考えればいい、ということになる。そういう「回路」をつくることで、これまでにはなかった共感と参加が生まれて、新しい価値のコミュニティが生まれる。

平時の「共感と参加」

私はこの回路づくりを、一次産業の世界でやろうと思った。

震災後に生まれた、消費者が食べものの裏側に隠れて見えなかった生産者の物語に共感し、販路拡大を手伝うなどの形で参加していく回路を、日常時でも生み出すための構想だった。

私を含め多くの若者たちが、被災地で被災者という生身の人間と出会った。支援活動を通して彼らの悲しみや苦しみを目の当たりにし、彼らがどういう人生を歩んできたのかに耳を傾け、地方の漁村で生きることの価値、素晴らしさ、厳しさを知り、その生き様に共感した。同様に漁師という日頃会うことのない最後の狩猟民と遭遇し、その哲学、思想、考え方、人柄に接し、それが都市生活で薄れてしまったものだけに激しく共感した。つまりＡＫＢ48のファンがＣＤの裏側にいる彼女たちの物語を味わうように、テレビや観光で見るだけの表層的な漁村ではなく、その裏側にいる人間の物語を味わった。だからこその「共感」に他ならない。この共感を起点に、多くの人が継続的に復興支援に参加していった。

その姿を見ながら私は考えた。

この都市と地方のつながり、交流を平時でもつくるには、都会と田舎を日常的につなぐ「食べもの」を生産する生産者の姿を、リアルに都市生活者に伝えてやればいいのではないか。人間がコントロールできない海や土などの自然に向き合いながら、命の糧を生み出している生産者の現場での工夫や苦労、感動、知恵、伝承を。「困ったときはお互い様」の精神で助け合って生きる地域コミュニティで生きる姿を。郷土芸能を担い、祭りや神事の舞台にあがる姿を。

それらをまるごと一本の映画のように伝えてやればいい。

そうすれば、平時でも都市住民は地方の生産者やコミュニティのあり方に「共感」し、その活動に「参加」してくるのではないか。震災という緊急時に起こった都市と地方の連帯という価値観を、食を介して都市と地方をかきまぜることで、もっと多くの人たちで共有できるのではないか。

そう思ったのだ。

振り返れば、これまでの日本で「共感と参加」の回路から最もかけ離れていた分野の筆頭が一次産業だった。

すでに「お前は冷蔵庫行きか」と話す漁村の高校生の姿を書いたが、東北沿岸部にあっても、農漁村の生産者たちの本当の姿は人々の目から見えにくくなっている。すぐ近くに農家や漁師がいるのに、目が向かない。見えている一次産業の姿は、最後の端っこ、つまり商品になってスーパーの棚に陳列されている商品だ。パックに入った食べものの表側しか見えないから値段で判断するしかない。そして聞こえてくる一次産業の話といえば、５Ｋの苦しい話ばかりだ。

本来なら、農業や漁業の現場は苦しいだけでなく、触れ合う自然の美しさや、生産物を収穫するときの本質的な喜びもあるはずだ。そういう食べものの裏側のシーンや生産者の姿が見えないから、私たちは「共感」しようもない。当然のことながら、「参加」もない。距離的に海や土に近いのは田舎だが、実は心理的には都会より田舎の方が海や土に遠いといえるかもしれない。田舎に残って一次産業を選択することは、田舎においては成功者のイメージとはだいぶ掛け離れる。田舎では未だに「成長や成功」のベクトルが東京を目指しているきらいがある。

食べることはガソリン給油と同じか

農漁村の人々の姿が都市生活者に伝わっていないのは、都心のスーパーなどに並ぶ生鮮食品群を見れば明らかだ。

通常そこに表示されているのは「値段、賞味期限、見た目、食味、カロリー」といった、消費者領域の四角四面な情報ばかり。消費者はこれだけの情報で商品の価値を判断して購入していくのだから、家電製品などの工業製品と変わらない。

たしかに「産直コーナー」などでは、「私たちが生産しました」というメッセージと共に生産者の顔写真が添えられている場合もある。けれどもそれだけでは、生産者が持っている「物語」までは読み取れない。消費者は生産者や生産物への「共感」などなしに、単に値段や賞味期限を見て買っていくだけだ。たとえ顔写真と名前が書いてあっても、調理して食べて寝て起きれば、その名前と顔はもう頭に残っていないだろう。

それが食に対する都市生活者の常識になってしまっている。

スーパーにきれいにラッピングされて並ぶ食材、レストランできれいに皿に盛りつけられた料理。これらを目の前にして、これがもともと生きものの命だったということに思いを馳せる人がいるだろうか。そんな消費者はもういない。

「いただきます」という言葉も、もはや完全に形骸化してしまっている。食物も工業製品と変わらないので、平気で食べ残しする。最近では、「給食費を払っているのになぜ子どもに『いただきます』と言わせるんだ」と、学校に苦情を言ってくる親もいるという。食べるという行為も、まるで車にガソリン給油するかのようになってしまった。

しかしこの状況は、一概に消費者が悪いともいえない。なぜなら彼らは知らないのだから。社会のシステムとして食べものの表側しか見せなくなっているのだから、ある意味で仕方のないことではある。

それだけではない。同じ国に同時代に生きているのに、生産者と消費者の距離はとてつもなく離れてしまい、まるで違う世界を生きているかのようだ。それほどまでに両者は遠い。物理的に以上に、心理的に遠い。

第一章で、「昨日食べた三食の中で、何かひとつのおかずでいいからそれをつくっている生産者の顔が思い浮かぶ人はいますか?」という問いに答えられる人はほとんどいないと書いた。

つまり都会の消費者のほとんどは、食べものの表側しか見ていない。今日の社会システムにより、見えなくなってしまったのだ。それを生産した人の顔は見えないし、ましてその裏にある物語はまったく見えていない。見えていないから、生産者に共感することができない。

ましてやその生産活動に参加することもない。

都市と地方の間では、「共感と参加」の回路が塞がれてしまっているのだ。第一章、第二章で見たように、一次産業の価値はむしろ食べものの裏側にこそある。その価値が見えないので消費者は価値を正当に評価できず、その結果農漁業は衰退してきたと私は考えている。

列島を貫く生命の回路

少し前の日本社会では、細々ながらこの回路は開かれていた。

戦後の日本は列島改造政策の下、都市化・工業化が各地で進展し、大都市への労働力の流入が加速した。地方の農漁村には長男しか残らない家が増え、次男以下の兄弟は刻苦勉励《こっくべんれい》に努め、人手を求める都会に出ていった。今日につながる都市の一極集中の問題はここに始点があるのだが、この時代はまだ都市と地方は「血」でつながっていた。

東京や大阪、名古屋といった大都市で暮らす地方出身者には、ふるさとには必ず実家やそれを守る長男（跡継ぎ）、あるいは親戚がいて、その多くが農家や漁師だった。だから台風が来れば、都会の交通機関の心配よりもふるさとの田んぼや漁場の波の高さを心配した。秋の収穫期になれば、田舎から新米が送られてきた。

そんな食べものという「生命の交歓の回路」が、この日本列島全体に行き渡っていたのだ。ところが戦後も七〇年を経過して、都会に出てきた次男、三男も三世代目の孫を持つ年代を迎えている。二世代目（子ども）までならおじいちゃん、おばあちゃんが住む田舎に血縁を感じるだろうが、三世代目となるとその意識は希薄になる。すでに述べたように「都会生まれ都会育ち」の世代が増え、列島を貫いていた回路も閉じてしまった。

前述したように、かつては都会に暮らしていても、田舎の家族や親戚には必ず農家か漁師がいたものだが、今では家族や親族はおろか、知人にも誰ひとり農家も漁師もいないという時代になった。それほどまでに、生産者と消費者はお互いの顔が見えなくなってしまったのだ。

しかも列島全体には、「生命の回路」に変わって巨大な流通網が張りめぐらされた。血でつながっていなくても、お金さえ払えばどこからでも瞬時に生産物が届く。本来は生産者から消費者への「命のリレー」だったはずのものが、右から左に流す単なる「物流」になってしまった。

この便利さによって逆に都会と地方は分断され、心理的にも離れてしまって双方の姿は見えなくなっている。この流通網を逆手にとって、生産者と消費者が双方向でダイレクトに売り買いできるようになれば話は変わるが、今のところ、両者の間には必ず誰かが入っており、双方の情報は遮断されてしまう。

＊

このニュースをご記憶だろうか。二〇一四年秋、米価の大暴落がメディアを賑わした。そのニュースを見ているときは、米農家も大変だなと思った人もいるかもしれないが、テレビを切った途端にそのニュースは頭の中から吹き飛んでしまっただろう。

私は思う。自分が毎日食べているお米を育てている人が困っているという話だから決して他人事ではいられないはずなのに、なぜこうも他人事なのだろうかと。おそらく困っている具体的な米農家の顔が思い浮かばないからなんだと思う。もし知り合いに米農家がいたら、その農家の顔を思い浮かべ、心配になるだろう。

人間は相手との関係性が見えて初めて共感したり、同情したり、思いを寄せたりすることができる。大量消費社会は、その関係性が極度に見えなくなってしまった社会だ。流通がこれほど便利ではなかった時代、消費者と生産者の関係性はよく見えていた。だからこそ消費者は生産者に感謝できたし、そこに共依存の関係性が生まれた。現在の貨幣で物を売り買いする消費社会では、生産者の姿や生活を可視化し、共感させる「物語」が必要なのだ。
ところが日常の日本では、都市と地方にその回路がない。生産者の姿が見えない。だから「共感と参加」ができない。生産者と消費者がつながる一次産業とは、生産者だけでなく、消費者も一緒になってやる一次産業だ。これが一番強いと私は思う。

地方の物語を可視化する

ならば生産者のリアルな物語を都市住民に伝えれば、それに感動して日常でも「共感と参加」の回路を通って、田舎に向かう人が出てくるのではないか。少なくとも私自身が農漁民の生き様、世界観に感動し、共感し、地方議員を辞めて食の世界に入るという形で参加した一人なのだ。この感動を何らかの形で伝えれば、他にも共感してくれ、一次産業に様々な形で参加する人がもっともっと増えるのではないか。

震災が風化するにつれ、なかなか現場まで来てくれる都市住民はいなくなる。現場に来れば、食べものの裏側の素晴らしさはすぐに理解できるのに。震災のときは、支援者の中に一次産業の価値に目覚めた人が少なくなかった。しかし人の思いは風化していく。人は来ない。

ならばこちらの側から都会の消費社会の中に分け入り、生産現場の素晴らしさや価値が見えるような形で伝えればいいのではないだろうか。

この思いが、「東北食べる通信」につながっていった。

二　「東北食べる通信」の誕生

食べものを媒介にした回路

——日常時でも地方の魅力、生産者の生き様を都市住民に伝えるために。それによって「共感と参加」を喚起して、日常時でも「都市と地方をかきまぜる」ために。やがて連帯という関係性を紡ぐために。

私が仲間たちと考えたのは、都会のマンションに食べものの裏側の物語、すなわち「地方の生産者の物語」を伝えることだった。牡蠣や鮪《まぐろ》、冬野菜など実際の生産物を付録として添えながら。

わかりやすくいえば、これまでにもあった食の宅配サービスの発想を逆転させたビジネスモデルだ。

通常の食の宅配サービスでは、生産地から届く段ボールにぎっしり野菜が入っていて、そこに誰がどこでどんな農法でつくったかを綴った紙が一枚入っている。

いうまでもなく、食べものが主役で生産者の物語は添え物だ。

私はこれをひっくり返して、物語を主役にして生産物を付録にするモデルを考えた。史上初の「食べもの付きマガジン」の誕生である。おそらく世界で初めての試みだったと思う。

私たちが生み出した「東北食べる通信」というサービスでは、産地から届く段ボールを開けると、変形Ａ３判のオールカラー大型タブロイド誌が現れる。

そこには生産者の人柄、考え方、世界観、哲学、生産作業の細部、歴史、仲間たち、苦労、喜び、家族、それまでの半生、地域の歴史が一六ページにわたって綴られている。

それらを読んだ後で、都市住民はやおら生産現場から直送された生産物を手にする。ときにそれは殻付きの牡蠣だったり、腸がついたままの烏賊《いか》だったり、大人の背丈より高い二メートルのワカメだったり、土がついた状態の冬野菜だったりする。つまり生産物が現場でとれたての状態で届くのだ。

それらは都会で売られている「商品」ではない。生産者が自然に働きかけて育て上げた作品であり、命であり、死骸でもある。

私は「食べ物」の「物」から離れて、物語と生命にこだわりたかった。単純に物を送り届けるなら、大量生産できる工業製品に勝ち目はない。食べものの一番の価値は、生産者が自然に働きかけて生み出す行為にある。あえて食べものを付録にして、しかもできるだけとれたままの状態で送り届けることにこだわった。

都会のマンションでこれを宅急便で受け取った消費者たちは、さぞ面食らったことだろう。ワカメが届いたときは、「おかあさん、これなーに！」と子どもが驚いたという話を聞いた。牡蠣の殻を開けるのに格闘して、一家総出になったというケースもあった。なぜならそれまで都会の人々は、部位ごとに切り分けられたワカメしか見たことがなかったからだ。牡蠣の殻を自分で開けたことなどなかったからだ。その驚きこそが、「共感」への第一歩になる。

舌だけではなく頭と心で味わう

「東北食べる通信」は月刊の定期購読サービスだ。創刊してすぐに、口コミで読者は広まった。読者になった都市住民には、いくつかの「化学反応」が起きた。

まずひとつは、送られてくる生産物を「美味しく」食べられるようになったこと。同じ牡蠣でも冬野菜でも、普段スーパーで買っているものよりもはるかに美味しいという人が圧倒的に多い。またそれまで食べられなかった苦手な食材が届いても、「初めて美味しく食べられた」という感想が多く寄せられた。

産地直送なのだから美味しいという理由もある。手間暇かけてこだわった生産をしているからという理由もある。だが本当の理由は、食べものの裏側の物語を知ったことで、舌だけでなく頭でも味わうようになったことが大きいと思う。

これは私自身経験したからわかる。育ての親である生産者の思いに触れ、その栽培方針や生育のプロセスを知ることで、「理解と感謝」の気持ちがわいて食べものを一層美味しくしたのだ。

震災後の被災地で、生産者の顔を見ながら食べる魚介類がいかに美味しかったかは、多くの人が経験しているはずだ。とれたての牡蠣を漁師の解説付きで頬ばると、都会のオイスターバーで食べるよりもはるかに美味しい。漁師のおばちゃんが海岸から「拾って」くるマツモという赤茶色の海藻を、お湯に入れてパッと緑色に変わった瞬間の美しさと美味しさは、都会では味わえないものだ。

そういう感動を、都会のマンションでも感じられたのだ。

あるいは被災地で生き延びた種豚が生んだ仔豚に、クラシック音楽や落語を聴かせながら育てている「有難豚《ありがとん》」という豚を届けたこともある。

普段豚肉は、スーパーや小売店で切り身になってしまっているから生産者の思いやこだわりは付加価値としてのせられない。この豚を育てている高橋希望《のぞみ》さんは、ヨーロッパで普及している動物福祉（アニマルウェルフェア）という考え方で豚を育てている。豚もいい音楽を聴きながら、ストレスフリーで育てば健康で美味しい肉になり、それを食べる人間も健康になれるという思いがそこにはある。仮にスーパーにその肉が置かれていて、「落語を聴かせて育った豚」というラベルが貼られていて、他の豚肉より一〇〇円高かったら手が伸びるだろうか。その生産者の物語を知ってこそ、この一〇〇円の価値が理解できるというものだ。そして、その後味わうと格別な味わいがある。

生産者の物語を読むことで、消費者に「共感」が生まれれば、一〇〇円高くても買うという「参加型消費」が生まれる。あるいは友人に物語を語って聞かせることで、販路拡大に貢献するという参加の仕方もあるだろう。

消費者と生産者も「かきまぜる」

「東北食べる通信」の真骨頂は、実は食べ終わった後にある。「ごちそうさま」から価値が広がっていくような仕掛けが隠されている。

私は生産物をマーケットで消費するのではなく、生産者と読者とでつくるコミュニティで共有できる価値にしたかった。食べものとお金という交換可能で貧弱な関係から、食べる人とつくる人という交換不可能で豊かな関係に変えたかった。そうすればその関係は、継続的なものに発展していく可能性が生まれる。

消費は刹那的だ。一円でも安いものが見つかれば、人はすぐにそちらに乗り換える。だから消費社会では圧倒的に消費者が強い。一方的な関係だからそうなるのだ。

私はそれを双方向の関係にしたかった。今のシステムでは、生産者の顔が見えないから消費者は平気で買い叩ける。逆もまた真なり。食べる人の顔が見えないから偽装などが生まれることになる。実に不幸な関係だ。

親戚に食べものを送って、そのお返しに生活費の一部を送るというような関係が、食という回路を使って知らない人同士でも築けないものだろうか。生産者と消費者ほどお互いわかりやすい関係はない。この流動化社会にあっても、あなたのおかげで自分は生きることができるという、お互いに敬い合う共依存関係を生み出せるはずだ。

だから私は、最初から読者数を一五〇〇人に限定した。

そのくらいの読者数でないと、お互い顔の見える関係にならない。輪が広がれば相手との距離も遠くなってしまう。私たちが目指したのは規模の拡大ではなく、生産者と消費者の関係づくりである。そして共感と参加の回路を開くことだ。そこには徹底的にこだわった。

現実的にも、ひとりの生産者からそれ以上の生産物を収穫するのは難しい。少ないスタッフでの発送作業を考えても、それがぎりぎりの人数だった。

私たちは都市住民に地方の生産物を届け、その後「つくる人」と「食べる人」をフェイスブックでつないだ。するとコミュニティが自然に生まれた。食べる人からは「ごちそうさま」の感謝や感想、質問が送られ、つくる人からは「こういう食べ方もありますよ」「次の季節にはこんな食材もできますよ」と返信される。お互い「顔」の見える関係で、お互いの「物語」を伝え合うやりとりが始まったのだ。

既存の食の宅配サービスでは、段ボールの中に生産者の顔写真や簡単なインタビュー記事を添えるなどはするけれど、基本的に双方向のやりとりはできないようになっている。会員から生産者は見えても、生産者から会員は見えない。なぜなら両者が直接取引を始めると、ビジネスが成立しなくなるからだ。そのシステムではたとえ利益があがったとしても、生産者と消費者の関係性を生み出すことはできない。

私はコミュニティをつくりたかったので、あえてフェイスブックで双方をつなぎ、そのやりとりをむしろ奨励した。すると最初の一カ月で約三〇〇件の投稿があった。

食べた人からは、こんな声が大量に届いた。

「今回の食材はこんなふうに料理したら美味しかったです」

「今まで味わったことのないような味でした」

「こんなに素晴らしい食材を育ててくれて、ありがとうございました」

感謝と感動、そして生産者への「共感」を伝える声だった。

これに対して生産者からも返信が寄せられる。

「こんなふうに料理するともっと美味しいですよ」

「別の季節にはまた別の食材も食べられますよ」

生産者は収穫時期には多忙を極めているはずだが、早朝や深夜、作業の合間にスマホやP

Cを開いてくれていたようだ。直接「食べる人」からフィードバックがあると疲れも吹き飛び、もっといいものをつくってやろうという意欲がわいてくると語った生産者もいた。

みんなコミュニケーションに飢えていた

創刊号の発送を終えてからしばらくすると、私やスタッフもびっくりするほど、ごちそうさまの後のコミュニケーションは豊かに深く広がっていった。

その様子を見て、私は「食べる人」はコミュニケーションに飢えていたのだと思った。しかもリアルな関係のコミュニケーションに。自分の命を支える食べものをつくっている人に、感謝の気持ちを伝える。こんなにリアルなコミュニケーションがあるだろうか。

同時に「つくる人」もコミュニケーションに飢えていた。

海や畑でひとり黙々と作業を続ける生産者たち。誰に見られるわけでもなく自然を相手にひとりぽつんと作業を続けている。手塩にかけた収穫物のほとんどは、農協・漁協を通して流通網に載せて終わり。誰に届いてどんなふうに味わってもらっているのか、喜ばれているのかどうかもわからない。いくら手間暇かけてこだわりの生産物を育てても、これでは報われない。これではやりがいを持てといっても土台無理な話だ。

ところが「食べる通信」のフェイスブックには、自分の作物に感動してくれる「食べる人」の笑顔や感謝、大切に料理してくれた写真が溢れている。「美味しかった、ありがとう、また食べたい」という声を直接聞いて、喜ばない生産者はいない。農家をやってきてよかった。漁師をやってきてよかったと、醍醐味《だいごみ》を感じてくれたのだ。

農漁村版「AKB48」の完成

そうやって約一カ月、濃密なコミュニケーションを重ねた頃に、私たちはさらにある仕掛けを用意した。

それは生産者を都会に呼んで、食べる人とつくる人の「ご対面」の機会をつくったのだ。

ここでつくる人と食べる人は握手を交わして濃密な交流をする。これで農漁村版ＡＫＢ48は完成だ。

集まってくるのは、住んでいるところも年齢も仕事もすべてばらばらな人たち。唯一共通しているのは、同じ時期に同じ生産者が育てた物を食べ、その物語に感動したということ。

つまりその場は、価値観を共有するコミュニティなのだ。

だからお互いに初対面にもかかわらず、価値観が近い者同士なので、ものの五分一〇分で仲良くなっていく。阪神ファンが阪神ファンに会うと、すぐに意気投合するのと同じだ。

しかも「食べる人」は「つくる人」の物語と生産物に感動した人たちだから、彼らのことを「きつい、汚い、かっこ悪い、結婚できない、稼げない」といった5K産業の住人とは見ていない。むしろ尊敬し、憧れの眼差しで見ている。

本物の生産者は、どんな文章や写真よりも説得力を持っている。静かな語り口でも、その言葉は説得力があり、熱い。やはりリアルに勝るものはない。

本物に触れると、「食べる人」は今度は生産現場に行きたくなる。話は弾み、「次の収穫期には手伝いに行っていいですか」「種まきのときに遊びに行きます」「船に乗せてください」と、自発的に交渉を始めている。

当初は「食べる通信」の事務局がお膳立てして生産地を訪ねるツアーを計画しようと思ったが、「食べる人」たちにはそんなことは必要なかった。「食べる通信」をパスポートにして、自発的に生産地に生産者を訪ねて出かけていく人が後を絶たなくなった。

ひとりで行く人もいれば、家族や仲間を連れて行く人もいる。気の合う読者同士で行くことも多い。

また「つくる人」も、普通ならば忙しい時期に都会から客がやってくるのは好まないはずなのだが、「食べる通信の読者です」と言うと歓迎してくれる。彼らはファンであり、自分たちの価値を認めて尊敬してくれる人たちなのだから、大切にしたいと思うのだ。

一緒に畑や田んぼで仕事をしたり、船に乗って漁を体験したりする。夜は生産物を食べ、酒を酌み交わして盛り上がる。一泊二日の交流で、かけがえのない友人になっている。

このようにして、「食べる通信」では他者との関係性やコミュニティ、生きる実感などのリアリティが提供される。それらは全世界で二億八〇〇〇万人のユーザーがいるといわれるアマゾンでも売っていない価値だ。あるいはアップルの亡くなった創業者、スティーブ・ジョブズでも提供することができなかった「生きる感動」や「生存実感」「脅威に満ちた自然世界との回路」を都市生活者に与えてくれる。これらは決してマンションの一室にこもっているiPhoneで買えるものではない。人間の想像を超える未知の世界である自然と接続している生産者と共に、自ら生み出していくものに他ならない。そんな豊かな世界へ導いてくれるのが、「食べる通信」なのだ。

アマゾンでは売っていないリアリティや関係性

意識や物質レベルでのフロンティアは、今日ではもはやアマゾンやアップルに開墾し尽くされた感がある。都会のマンションの一室でiPhoneをワンタップすれば、数時間後には望む物が届く。iPhoneやiPadを一台持っていれば、世界中の情報だけでなく、音楽、絵画、スポーツ、旅、食、経済、教育など、あらゆるジャンルの「疑似体験」もできる。

けれどそれらが当たり前になった現在ではインターネットが登場した頃の高揚感は薄れ、もはや情報は贅沢品ではなくなっている。むしろ溢れる情報の中で、人は頭でっかちになり、生きる実感や関係性などのリアルが贅沢品になっている。都市生活者は、頭と体の崩れたバランスを取り戻そうと必死だ。

頭と体、意識と無意識の均衡が崩れると、命の居心地が悪くなる。どんなに便利なサービスが現れても生命が喜ばない。生きる実感がわかない。物や便利に埋もれれば埋もれるほど、人々は退屈になっていく。

世界は果たして広くなったのだろうか。むしろ意識と物質が支配する予定調和の世界に閉じ込められ、狭くなったのではないだろうか。頭と体、人工と自然、意識と無意識、都市と地方のバランスをとった先に、新たな世界が広がっているのではないだろうか。ＩＴで豊かになった頭と知識に見合う大きさの、もうひとつの未知なる世界があるはずだ。その世界と私たちとをつなぐ窓口になるのが、私は農家と漁師だと思っている。その可能性を「食べる通信」は人々に感じさせたのだ。

だからこそ「食べる通信」は、口コミやネット経由で続々と読者を獲得していった。広告費はさほどかけずに、創刊三号目で一〇〇〇人を超え、一〇カ月後には定員とした一五〇〇人が集まった。それ以降の申し込み者は三〇〇人のキャンセル待ちとなる嬉しい悲鳴もあがった。

ひとえに、都市と地方をかきまぜたコミュニティの魅力だったと思う。

グッドデザイン賞による証明

「食べる通信」がこの時代の多くの人々の「共感」を得たことは、二〇一四年に受賞したグッドデザイン賞でも実感できた。

この年のグッドデザイン賞は、約三五〇〇の候補の中から九つのプロダクツが最終選考に残り、そこから大賞が選ばれることになっていた。創業一年のベンチャーNPOがつくった「東北食べる通信」はその最終九作品にノミネートされた。他の候補は、ソニー、ヤマハ、無印良品、デンソーといった、いずれも従業員何万人もの大企業が生み出したプロダクツだった。

その中に、岩手の片田舎で生まれた社員ひとり（当時）のベンチャーNPOが生み出したビジネスモデルが選ばれたのだ。大賞を決める投票では惜しくも二位となり、一位との決選投票になったが、惜敗。結果グッドデザイン金賞をいただいた。最初の投票は一般に広く開放されており、社員ひとりの私たちには組織票がまったくないため、不利だと思われた。しかし、「東北食べる通信」の読者をはじめとし、多くの審査員と会場を訪れて投票してくれた一般の人の、心を動かすことができたからこその快進撃だったと思う。

支持されたのは、「食べる人」と「つくる人」の関係性をデザインし、新たなコミュニティを生み出したということ。それはたった一五〇〇人の小さなコミュニティだけれど、今まで誰もつくらなかった新しい価値であり、それを現在の社会が欲しているのだ。

グッドデザイン賞は、そのことを証明してくれた。

三　生産者と消費者の変化

郷土のソウルフードの再生

「東北食べる通信」が活動を始めてから、生産者にも大きな変化があった。

たとえば会津で在来種の小菊南瓜《こぎくかぼちゃ》をつくっている、長谷川純一さんの例があげられる。

小菊南瓜は約四〇〇年前にポルトガルから伝来し、会津の農民たちがつくり続けてきたソウルフードだ。ＮＨＫ大河ドラマ「八重の桜」の主人公となった山本八重さんが、会津戦争の間、籠城食で食べていたのもこの南瓜だった。

かつては多くの生産者がいたはずだが、私が「食べる通信」で取り上げたいと思って二〇一三年に会津を訪ねたときにはたったふたりになっていて、まさに絶滅の危機にあった。

長谷川さんを訪ねたときも、「こんな金にならない作物をなぜつくるんだ」と奥さんや市場関係者に馬鹿にされていると愚痴を聞かされた。

「これを本当に取り上げるの?」

長谷川さんは真顔で、心配そうに聞いてきた。

大量生産できないので市場価格が上がらずに、ここ数年で多くの生産者がぱたぱたと生産をやめていった。それでも長谷川さんが栽培を続けている理由は何かと聞くと、

「これをやめたら会津が会津でなくなってしまう。四〇〇年も続けてきたものだから次の世代につなげるのが私の役割と思ってやっている」

私はその話をそのまま「食べる通信」の特集に書き、小菊南瓜と一緒に読者に届けた。

すると、その物語に共感する読者が続々と現れた。その中のひとりが自発的に、食べ終わった小菊南瓜の種を生産者に返そうとフェイスブックで呼びかけると、五〇人ほどがこれに賛同。南瓜の種をきれいに洗って乾燥させて封筒に入れ、感謝の手紙を添えて世話人(読者の代表)のもとに郵送してきた。世話人は集まった種を使えるものと使えないものとに分けて、使えるものだけを長谷川さんに直接手渡した。

この行為に勇気をもらった長谷川さんは、次の作付け期には会津農林高校の生徒たちと一緒にこの種をまき、それを育てて再び収穫期には都会の「食べる通信」読者を中心とするファンたちに送り届けた。これは、「食べる通信」とは関係なく、長谷川さんとファンたちの

独自のやりとりだ。

そのサイクルもすでに三年が経過し、小菊南瓜のファンは徐々に広まった。今では長谷川さんだけでも作付面積を一〇倍に増やすまでになり、周囲の農家の作付けも始まって、生産者は一五人に増えた。販路も拡大し、それまでは二束三文にしかならなかった小菊南瓜が今では需要に供給が追いつかず、自分の値付けで売れるようになった。

都会のファンたちは、小菊南瓜を近隣のレストランに紹介したり地元メディアに売り込んだりして応援することで、半ば営業マンの役割を果たし、販路はますます広がった。

いうまでもなく都市住民は、様々なジャンルのプロであり、成熟した消費社会に生きる者として厳しい審美眼を持っている。その彼ら・彼女らを納得させるためには、作物や生産者にそれだけの魅力、価値がなければならない。その代わり都市住民は、ひとたびその価値を認めると、様々な応援をしてくれる。応援することで自分の消費行動の価値を上げることができるので、消費者の満足度を高めている。

もともと農業や漁業の生産現場は保守的なものだが、いろいろなジャンルのプロの視線が入ることによって、生産者も生産現場も変わっていく。これが生産と消費の垣根を取り払った一次産業の姿である。生産者だけでやるのではなく、消費者も一緒になってやる一次産業は、生産者と消費者の「共創マーケティング」といえる。

都会からやってきた応援団

秋田のぬかるんだ田んぼでも、「東北食べる通信」をきっかけに小さな革命が起きた。二〇一三年の秋、秋田県潟上市の農家、菊地晃生さんを特集した。私と同じ四一歳の彼は、あえて田んぼを耕さない「不耕起栽培」という農法で、人間と自然に優しいお米をつくっていた。私はそのスタイルに感動して、菊地さんの半生、哲学、世界観、生産現場での創意工夫や苦労を物語に書き、お米と一緒に読者にお届けした。読者は血の通ったひとりの農家の生き様にふれ、美味しいお米を食べ、その後ＳＮＳでコミュニケーションを交わした。

＊

その一年後のこと。菊地さんは奈落の底に落ちた。

長雨続きに加え、田んぼから水を抜くタイミングを誤り、田んぼは稲刈りの時期を迎えても田植えのときのようにぬかるんだままだった。稲刈機のコンバインを入れてみてもまったく前に進まない。奥さんと小さな子どもふたりの家族四人総出で手刈りをしても、例年の一〇分の一しか刈り取ることができない。絶望しかけた菊地さんは、藁《わら》にもすがる思いである行動に出た。

人に頼ること

菊地さんはまず自分のフェイスブックページで「一生に一度のお願い」と題して、この窮状を伝え、可能な人には稲刈りを手伝いに来てほしいと懇願した。九〇〇人が登録している「東北食べる通信読者グループ」のページにも投稿し、同様に呼びかけた。

するとどうだろう。アップした翌日から、都会から読者が続々と秋田を目指して駆けつけ、裸足で田んぼに入って手刈りを始めた。みな有給休暇をとって自腹でやってきたのだ。その数、延べ二〇〇人。中には関西から飛んできた読者もいた。

この尋常ならざる光景に、かつて「食べる通信」で特集した他の農家や漁師も呼応。炊き出し用にと食材を次々現地に送ってくれ、現場ではそれを読者が調理して、みんなで輪になって食べた。

野球場の広さにあたるおよそ一ヘクタールの田んぼは、約二週間で稲刈りが終わった。すべて人力によって。

菊地さんは私にこうメッセージを送ってきた。

「田んぼに突然次元の違う穴があき、そこからものすごい風が吹き込んできました」と。

私はこのメッセージを見て、日頃言っている〝都市と地方をかきまぜる〟とは、生産者と消費者の間にある垣根を取り払うことなんだと改めて思った。そうなれば、生産者は私たちの代わりに美味しい食べものをつくってくれている大切な存在になる。

私たちはお金で食べものを買うようになって、「食べる」ということの本来の意味を忘れかけていないだろうか。「食べる」ということは、「食べものをつくる（とる）」ということと同じなのだ。誰も売ってくれなければ、私たちは生きるために自分でつくるしかなくなる。これは太古の昔より続く不変の行為であり、地球上の生きものすべてがしている生命としての共通の営みである。

今の消費社会では、食べる人とつくる人は分断されているが、本来の「食べる＝つくる」の意味を考えれば、両者が接続できる回路さえあれば、それほどつながるのは難しくないはずだ。

交換可能な「お金」と「食べもの」という貧しい関係性から抜け出し、交換不可能な「つくる人」と「食べる人」という豊かな関係性に戻すこと。

そうすることで生産者と消費者は、ともに元気や生きる力を交換できる仲間になれる。そのことを菊地さんは、大勢の読者と一緒に証明した。そして「強い一次産業」の片鱗も垣間見えた。

この秋田での出来事を見れば、当初私が狙った「被災地で起きたことと同じことを平時でも起こす」というコンセプトは、見事に実現できたことがわかる。震災という緊急時に生まれた都市と地方の支え合い、連帯。両者が交わることで、それぞれ〝生きる力〟を高められることを私たちは学んだ。同じことが、平時でも全国各地の農漁村と都市の間で起こせるのだ。そのために必要なのは、リアルで具体的な関係を結んだ生産者の存在があるかどうかである。

「食」を媒介とすれば、都市と地方をつなぎ、かきまぜることができる。なぜなら「食」は、誰もが一日三回行う人間にとって最も身近な行為であり、食べる人は都市にいて、つくる人は地方にいるのだから。

秋田の奇跡を日本中で起こしたい。それができたら、都市と地方が連帯する新しい社会のかたちが生まれるだろう。そこで人々は、頭と体のバランスを回復し、生きるスイッチをオンにして、力強い生命体として生きる。そんな社会になっているはずだ。

クレームゼロの奇跡

創刊三号目の福島県相馬市の「鈍子」の特集でも事件が起きた。
二〇一三年一〇月二〇日、読者限定フェイスブックグループに私はこう書いた。

東北食べる通信9月号は、福島県相馬市の底引き網漁師菊地基文さんを特集し、菊地さんがつくる「鈍子《どんこ》のつみれ」をお届けする予定でしたが、未だ読者の皆様にお届けすることができない状態が続いています。
例年9月半ばから水揚げが始まりますが、今年は猛暑による海水温の上昇や、度重なる台風の影響などから、水揚げが遅れています。このこと自体は、人間の力が及ばない自然が相手ですので仕方がないことですが、菊地さんの仲間の仕入れ担当の飯塚哲生さんは「ノイローゼになりそうだ」と頭を抱えていました。私たち編集部も、間もなく1000人になろうとしている読者のみなさんからの厳しいクレームを覚悟していました。

ところが現時点でクレームはいただいておりません。今回の9月号の遅延について、読者限定Facebookグループページで、編集長の私から、そして漁師の菊地さん、仲買人の飯塚哲生さんから状況を説明したところ、逆に読者のみなさんから数多くの温かいコメントが寄せられました。

「工業製品ではないのですから、待つ時間を楽しむのもいい」、「自然相手ですもの、予定通りにいく方が難しい」など、実に60件もの励ましや理解を示す声が寄せられました。このやりとりに対し、8月号で特集した短角牛の生産者、柿木敏由貴さんから、「これは素晴らしいことです。卸の都合で強いられた条件等は、直接の信頼関係があれば関係ないんですね」とのコメントが届きました。また食の流通に携わる方から、「これまでの常識ではありえないこと。食べる通信の読者は、消費者は神様ではないと考えている」との感想もいただきました。

食べる通信の大きな目標のひとつに、「つくり手と食べ手が直接つながることで、私たち食べる側の生産現場への理解を深め、生産者の喜びと苦労を分かち合っていく」があります。その方がおいしさが増すし、食を取り巻く課題の解決にもつながっていくはずです。

食べる通信を創刊してまだ3ヶ月ですが、このような生産現場への理解を深めた読者の皆様に支えられていることに〝感謝と誇り〟を感じると共に、この輪をさらに広げていきたいと強く思いました。引き続き、読者のみなさん、生産者のみなさんにも参加してもらいながら、一緒に食べる通信をつくっていきたいと思います。

鈍子ですが、ようやく先週から水揚げが少しずつ始まり、間もなく発送がスタートできそうです。月をまたいでしまいましたが、定期購読をお申し込みいただいた読者のみなさんには、必ずお届け致します。私たち編集部も今回の事態を踏まえ、今後、取り上げる食材については、その適切な時期を十分に考慮しながら進めて参ります。

私はこの文章を書きながら感じていた震える感覚を、今も忘れていない。書きながら私は、どうしようもなく「感動」していたのだ。

リアリティの再生

このようにつくる人（生産者）とまざり合ったとき、食べる人（消費者）が手にするものはなんなのか。それは生産現場から届く生産物だけでなく、もっと大切なものだと私は考える。

現代社会は都会のマンションのソファーに寝そべりながらでも、スマホから物を注文すればなんでも届けてもらえる便利な世の中だ。私も本が必要なときに、ときどき利用する。忙しいときにはものすごく便利だ。

食べものも同様に、瞬時に届く。弁当も外に出ることなく家まで届けられる。最近では家で料理してくれる調理人まで注文できる。

けれどこの完成された消費社会は、見方を変えればすべてが「予定調和」だ。そこには波乱も困難も想定外の出来事もない。いやむしろ起こってはまずいのだ。それはクレーム、訴訟にもつながるのだから。ボタンひとつで済むので人と関わる必要もないし、天候や気象条件に振り回されることもない。

そこには感動が生まれることもない。そんなサービスに依存しすぎてしまうと、生きている実感などわかなくなるのも当然だろう。

私はこれを「マトリックス世界」と呼んでいる。キアヌ・リーブスが主演して大ヒットした『マトリックス』という近未来を描いた映画は、コンピューターによってつくられた仮想現実が舞台だ。今の日本の消費社会を生きる人々を見ていると、あの映画を思い出す。バーチャルな世界で私たちは今、生きる力、生きる喜び、生きる実感を失っている。

その真逆にあるのが農漁村の生産者の営みだ。人間がコントロールできない自然が相手だから、快適でも楽でもない。便利でもないしスピードもない。すべてが「予定不調和」だ。波乱と混乱に満ちている世界。

生産者はそうした自然を読み解き、想像し、予測し、仮説を立て、検証しながら、手を加えていく。その結果自然が食べものを生み出したとき、そこには「感動」がある。生産者にとっては日常なので、わざわざ「感動した」という言葉にはならないが。それは「生きる実感」についても同じだ。わざわざ「俺は常に生きる実感を持ちながら漁師をしている」と話す人はいない。それを口にするのは、日頃生きる実感を持てない都市住民が生産活動の一端に参加したときである。ないものをあると感じるわけだから、言葉になる。

「食べる通信」の読者たちは、都会のマンションにいながらでも、遠く三陸の漁師と心を通わせることで、この感動を間接的に分かち合えたことになる。天候不順で魚があがらないという状況を共有したことで、漁師たちが直面している大自然と間接的に向き合ったのだ。だからこそ「自然相手なのだから予定通りいく方が難しい」というメッセージが書けた。そうしたやりとりを通して、都市住民は自分たちは自然の一部であり、生きものであることを自覚できる。そして生きる実感（リアリティ）を取り戻していく。

それが読者にとっての、最大の収穫だったはずだ。

心の構えを常に正す

生きる実感を持つことは、突発的な自然災害などが起きたときの心の構えを常に正すことにもつながる。

先日起こった熊本地震では、大きな被害が出た阿蘇に暮らす知人の農家が、地震の翌日かららいつもと変わらずに川に飛び込み、田んぼで泥まみれになる小さな子どもたちの姿をフェイスブックで発信していた。不謹慎だという批判もあったようだが、私はこれが、この災害大国の日本で生きるために必要なメンタリティだと思った。

最近都内の車座座談会にあるＩＴ企業で働く若者がやってきて、あらゆる虫が苦手でならないと告白していた。東京生まれの東京育ちで、子どものときにトンボやバッタ、カエルをつかまえて遊んだこともないという。人間のコントロール下で管理されていなければならない都市は、人間の力が及ばない自然を徹底的に排除する。虫を見かけることも稀だ。だからあってはならない自然が突如暮らしの中にあらわれると、人々はどうしていいかわからずに慌てふためく。

被災地の巨大防潮堤もそうだが、自然をコントロールするという発想でいくと、コンクリートの箱という環境の中で生きる力は進化すると思うが、その箱からひとたび押し出される事態に遭遇すると、環境に適応できなくなる。自然と切り離されて生まれ育つ日本では、そうした人間が量産されている。彼らは自然災害などの突発的な事態が起きると、どうしていいかわからず狼狽する。当然有事の際の生存確率は、低くなるだろう。

地震は昔からずっと起こり続けている。私たち日本人は災害と災害の間を生きているのだから、地震が起きることは何も特別なことではない。この災害を日常のものとして捉える感覚が、日本で生きるためには必要な条件なのだ。にもかかわらず、その条件を満たさない人間が次々と増えていることに、私は大きな危機感を持つ。

その意味で、生産者とつながりながら食べるという行為を通じ、人間の思い通りにならない世界とつながっておくことは、都会に暮らしながらその条件を満たす資格を手に入れることになる。誰でもできる、最も簡単な方法だ。

話は少しそれるが、今、日本が直面する大きな課題のひとつ、少子化の根本的な理由もここにあるように思う。自然を排除してきた都市が、それでも排除できない自然は子どもであると、養老さんは指摘している。なるほど、生まれたばかりの子どもは、親の思い通りにならない。夜中に突然泣き出すこともあれば、親が外出の予定を立てていても、子どもの急病でキャンセルしなければならないときもままある。自分の思い通りにしないと気がすまない人間にとって、思い通りにならない子どもを産み育てることの価値が下がっているのではないだろうか、と思うのだ。

こんなデータがある。東京二三区の三〇代前半の女性未婚率が四五パーセント。男性もこれを追いかける。「晩婚化」とメディアはいう。しかし、これは本当に晩婚化なのだろうか。厚生労働省が若者を対象に実施した「21世紀成年者縦断調査」で、子どもを望まない若者が一〇年間で増加していることがわかった。その理由として、一般的に言われるのが、非正規雇用の広がりなどの経済的要因である。もちろん、それもあるだろう。でも、その見方だけでは今起きている変化の本質を捉えられないのではないだろうか。

調査は平成一四年と二四年の二回行われた。調査の対象者は、三一～四五歳の既婚男女、独身男女である。独身男女で「希望子ども数」が「〇人」――つまり「子どもが欲しくない」という回答者の割合は、平成一四年から二四年の一〇年で、男性は八・六パーセントから一五・八パーセントと二倍弱になっている。女性も七・二パーセントから一一・六パーセントにやはり増加している。

子どもが欲しくない理由を見ると、「子育て・教育で出費がかさむ」よりも、男性では「感じていることは特にない」、女性では「自分の自由な時間がもてなくなる」が上回っている。子どもに興味がない、子どもにかける時間とお金があれば自分にかけたい、つまり、子どもを産み育てることの価値が昔に比べて下がり、そうした生き方も選択肢のひとつとして社会に許容されつつあるということを、この調査結果は示している。そして、この数字の裏には、自分たちの思い通りにならないものへの拒絶、敬遠があると私は思うのだ。

もうひとつ。少子化を「食べる」という行為から見るとどうなるだろうか。鶏小屋で餌付けされた鶏は、生殖能力が著しく減退する。都市の消費社会を生きる私たちは、都市小屋で餌付けされた人間とは言えないだろうか。事実、止まらない少子化が、日本人の生殖能力、というか生殖本能の減退を如実に表しているではないか。かつて、人間は「全身で食べる」ことをしていた。五感を研ぎ澄まして獲物を仕留め、それを家まで体を使って運び、手で調理し、顎で噛んで食べた。今はどうだろう。咀嚼しやすい食べものが口に運ばれるのをただ待っているだけである。使うのは、喉だけという食事も珍しくない。栄養補給よろしく、それはまるで車のガソリン給油を彷彿させる。こうして生きる実感から遠ざかってきたわけだが、それと少子化は、コインの裏表だと思う。

四　卒業生を送り出す

私、卒業します

二〇一三年の夏に生まれた「東北食べる通信」は、現在四年目を迎えて新たなフェーズに入ったと思っている。

それは「卒業生」を送り出すようになったことだ。

ある日、「車座座談会」を開いているときに、私にこう宣言する女性読者がいた。

「編集長、私、『東北食べる通信』を卒業します」

突然目の前で退会宣言をされて、私は思わず「なんで?」と聞き返した。

すると彼女はこう言った。

「『食べる通信』が嫌になってやめたいのではありません。一切不満はありません。この二年間で五人の生産者と仲よくなって、今では家族ぐるみの付き合いをしています。これ以上多くの生産者とはこんなに深いお付き合いはできないので、読者の座を次の人に譲ろうと思います。だからやめるんじゃなく、卒業なんです」と。

彼女は何人かの生産者の現場を訪ねたり、酒を飲んだりする間に、将来的に移住したいふるさともできたという。生産者からは「都会で震災があったらこっち頼ってくればいい。食べものはいくらでもあるし、空き家もある。行政にかけ合ってやる」とも言われている。「東北食べる通信」の読者は一五〇〇人限定で、キャンセル待ちが出ることもあると知っているから、この出会いのチャンスを次の人に譲りたいと言ってくれたのだ。

私はこの言葉を聞いて、涙が出るほど嬉しかった。「食べる通信」はある意味で学校なのだとも思った。異文化である地方の農漁村、そして一次産業を知り、学び、理解する学校。彼女はそこを卒業し、より生産現場に深く参加する次のステージに進学したのだ。

こうして卒業した読者の中には、その後付き合いのある生産者とより交流を深め、より深く応援している人もいる。なぜなら自分が好きになったその土地を守っている彼らには、そこで生き続けてもらわなければならないからだ。さもなければ、いざ東京で首都直下型の地震が起きたとき、ようやく見つけた逃げ込む先、疎開先がなくなってしまうのだから。

これこそが「連帯の関係」といえるのではないだろうか。その人は生産者のためだけでなく、自分のためにもその生産者を応援しているのである。

二〇一六年夏現在で、「食べる通信」は北海道から沖縄まで、全国三四の地域に広がった。卒業生の中には、より関わりの強い他の「食べる通信」に転向する読者も出ている。「食べる通信」同士のコミュニティもつながり始めている。私たちは全国に一〇〇の「食べる通信」ができることを当面の目標にしている。今はまだ、どんな景色が広がっているのか想像できないが、楽しみでならない。

「食べる通信」をパスポートにして、都市住民が地方の生産者とまざり合う。双方が刺激し合いながら変化して、新しいふるさとが生まれる。それは都市住民の生存基盤となり、生きる実感を取り戻し、都会での仕事や生活をより充実して送れるエネルギー源にもなる。

食物連鎖を改めて知る

地方の生産者と出会うことで、生き方を変えた都市住民も少なくない。

とある外資系会社に勤めるOLが、「食べる通信」で取り上げた石巻の牡蠣漁師、阿部貴俊さんを訪ねた。東京での生産者交流会でその漁師と出会い、現場に行きたくなったのだ。

漁師は快く船に乗せてくれて、この日は穴子漁を見せた。黒い筒の中に餌となる鰯《いわし》を入れて海に放り投げておく。翌朝この筒を引き上げてみると、見事に大きな穴子がかかっていた。

船上で漁師は、まな板と包丁を用意して「穴子をさばいてみて」と女性に言った。そんな体験はしたことがないから、彼女はたじろぐ。漁師は暴れる穴子の目玉に釘を打ち込んで、包丁を彼女に手渡した。彼女は最初ためらいながらも、やがて目をそらしながら「ごめんね」と言って腹を割いた。

するとその胃袋からは、鰯が出てきた。前の日に餌として筒に入れた魚だ。その鰯と穴子の内臓は捨てていいと指示され、彼女はわしづかみにして海に放り投げた。するとカモメや他の魚が集まって、一斉にそれらを食い散らかしていく。

彼女はその様子を見ていて、「小学校のときに習った食物連鎖という言葉を思い出した」と言った。人間が穴子を食べるということは、穴子だけでなく鰯の生命も奪うことだし、死んだ穴子の内臓を食べて生き延びる小魚や海鳥もいる。そんな自然界では当たり前の光景を目の当たりにすることで、彼女は他の生命を奪って自分の生命に変えることが「食べる」という行為なのだと改めて思ったのだ。

だからこそ「いただきます」であり、「ごちそうさま」なのだ。自分自身も自然界の大きな命の循環の中にいる。人もその生命の循環の一部分であるに過ぎないことを改めて感じ、生きていることを実感したとも言っていた。

彼女は都会に戻ってからも、日々の食材の選び方や食事の仕方が少し変わったという。こうした体験を通し、中には価値観が激しく揺さぶられ、死生観や働き方、生き方まで変化したという人もいる。そういう人たちに共通しているのは、都会での仕事や生活がより充実して送れるようになったということだ。

それは私自身が震災後、多くの生産者に出会ったときの感覚と一緒だった。彼女のように「食べる通信」の読者となり、生産者や地方の生活スタイルと出会うことで生きる実感を取り戻し、価値観の優先順位が変わった人は少なくない。

この変化は数値化して評価することは難しい。しかし講演や車座座談会でこの類の話をすると、実に多くの都市住民が共感しながら聞いてくれる。みんな生きる実感に飢えていることをひしひしと感じる。この変化こそが社会を大きく変える可能性を秘めている、と私は感じている。人間が変容していくのだ。人間が変われば、つくる仕組みや制度、政治、経済も自ずと変わっていくことになる。

二枚目の名刺、ＣＳＡ

それはすでに第二章で書いた、「二枚目の名刺を持つ人々」を通して見ることができる。「食べる通信」の読者にも、このコミュニティを二枚目の名刺の所属先にしている人たちがいる。彼ら・彼女らは、昼間は本業をこなし、夜間や休日には「食べる通信」のイベントやコミュニティ運営に主体的に携わり、活動している。私が定期的に開催している車座座談会も、すべて運営はこうした読者の手に委ねられている。また「食べる通信」のもうひとつのコミュニティサービス「ＣＳＡ」でも、運営主体として読者が活躍している。ＣＳＡとは「Community Supported Agriculture」の略で、直訳すると「コミュニティに支えられた農業」。自分の選んだ食べもののつくり手と交流しながら、食べものをつくる楽しさや苦労、収穫の歓びを分かち合うコミュニティサービスだ。

私たちは特集で取り上げた生産者たちとの関係性を継続するために、特定の生産者の定期販売の仕組みである「ＣＳＡ」を取り入れ、運営している。アメリカで広がっている、消費者が生産者を支える仕組みだ。

この仕組みを支えるＣＳＡマネージャーは、それぞれのコミュニティを運営し、生産者と会員をつなぐ役割を担っている。出荷の際のアナウンスやイベント企画なども手掛ける。毎月一回ＣＳＡマネージャー会議も開催し、各ＣＳＡの成果と課題を共有してきた。マネージャーは、この生産者を支えたいと思った読者が名乗りを上げるシステムだ。

このような二枚目の名刺を持つ人が、明らかに増えている。広く捉えれば、「食べる通信」の読者も同じだといっていいかもしれない。毎月二五八〇円払ってこのコミュニティに所属し、仕事が終わった後に通信を読み、子どもと一緒に調理し、ＳＮＳに投稿し、生産者と交流をする。それら一連の活動が、「二枚目の名刺」の活動に含まれると捉えられる。

私はよく階段に例えるのだが、読者になることが階段の一段目。イベントに参加することが二段目。コミュニティ運営に携わるのが三段目。「食べる通信」を卒業し特定の生産者を応援するのが四段目。実際に移住して生産者になるのが最上段といった具合だ。

すでに読者の中には、卒業して福島県に移住して就農した人もいるし、特集した漁師と結婚して、青森県の下北半島に移住した読者もいる。

私は都市住民の二枚目の名刺の所属先が、全国各地の農漁村になればいいと思っている。そうなれば「都市と地方がかきまぜられた」状態となる。

定期的に農漁村に関わる「逆参勤交代」が実現する。

農漁村に活力が生まれる。

さらに大事なことは、大多数の都市住民自身の価値観や行動が変わっていく可能性があることだ。ここではその変化についてふたつ触れたい。

価値観を「上書き保存」せよ

変化のひとつは、これまで説明してきたように、生きる実感を取り戻し、関係性を紡ぐことで価値観が変容していくことだ。

限られた自分の命、限られた地球を意識する生き方は、これまでのように際限のない消費願望や物質世界をひたすら拡大成長させていく近代とは異なる生き方となる。

広げること、増やすことより、「残すこと」「続けること」「存在すること」に価値を置く生き方だ。

言葉を換えれば、今より将来がよくなるという希望を持って今を犠牲にする生き方ではなく、今この瞬間を充実させる生き方になる。そうした生き方は、自然や他者を収奪しない生き方になるだろう。人間の力ではどうにもならないことがあることを知る生き方は、自然や他者と連帯する生き方でもある。

もうひとつは、当事者としての自分に気づくということである。人間は食べなければ生きていくことができない以上、こと食に関してはすべての国民がこの問題の当事者といえる。私たちは口では一次産業は大事だ、農漁村は必要だと言ってきた。しかし、いざ自分が何か手を下すかとなれば、何もやらない。子どもに農漁業を継がせるかとなれば、誰も継がせない。結果的に農漁業の担い手は減り続け、農漁村は疲弊してきた。なのに私たちは、この問題を自分ごととして考えることができず、他人事にしてきた。なぜか。それは具体的なつながりがなかったからだと思う。都市と地方の。消費者と生産者の。だから「共感」できないのだ。

都市生活者（消費者）が生産者とつながり、現場に行けば、農漁村の疲弊、担い手不足の問題を生み出してきた「共犯者」としての自分にはたと気づくだろう。ここでようやく当事者としての自分に気づく。そして自分にできることは何かと考え、行動することができる。そういう人が増えれば、問題解決に近づいていくだろう。

同じことはありとあらゆる分野で起きている。

あらゆる商品やサービス（行政サービスを含む）がお金で買える消費社会は、当事者意識から離れ、観客席の上で見物する他人事意識の「お客様」を量産してきた。ところが誰にとっても身近で命に直結する食から入り、当事者としての自分に気づいた読者は、他の分野でも常に物事の裏側を考え、当事者としての自分に気づくようになってくる。

私は当事者意識の希薄な現代日本社会を「観客民主主義」と呼ぶが、その日本にあって、しかも行財政資源が縮小する状況にあって、こうした当事者が増えていくことはとても大切なことだ。

こうして二枚目の名刺の所属が農漁村になると、社会を変える方向に人間の価値観が変わっていく。そうなれば本業での生き方も、変わっていくのではないだろうか。

成熟した民主主義社会には、独裁者のような倒すべき明確な「敵」が存在しない。私たちが貨幣と票で選んだ結果が、目の前の経済社会に立ち現れている。つまり今日の日本の姿は、私たち自身の姿なのだ。

だからこそ私たち自身が変わっていくことでしか、社会を変えることはできない。その意味で農漁村を二枚目の名刺とする生き方が、現実の経済社会に身を置く一人ひとりを変えていくことに、私は可能性を感じている。いわばひとりの人間の中で、今ある価値観が望ましい価値観に「上書き保存」されていくのだから。今ある経済社会を批判しても、矛先《ほこさき》は自分に向く宿命にある。ならばその矛を受け止めるしかない。

矛盾を受け止め、自分から変わり、結果社会を変える。

いわば「価値観の上書き保存」だ。

＊

私たちがつくった「東北食べる通信」はその可能性を具体的に感じさせた。

だからこそ、生産者と消費者をもっともっとつなげたい。

そしてこの動きが、次の章で述べる、現在の日本社会を覆っている大きな病魔をも払拭してくれるのではないか。私はそう期待している。

第四章　「消費者」ではなく「生活者」になろう

一　消費社会の実像

消費社会に現れた化け物とは

どれだけ働けども、どれだけ収入が増えようとも、生きる喜びや生きる実感、生きる意味といった「生」への手応えを感じられない。この「リアリティの喪失」こそが、成熟した消費社会に立ち現れた化け物の正体である。

数値化が難しいだけに、この化け物は私たちの目に見えない。振り返れば私自身、かつて一八歳で上京してから二九歳で帰省するまで、自分の中で肥大化していく目に見えないこの化け物に蝕まれ、苦悩していた。

そして学生時代は途上国をひとり旅し、二九歳でふるさとに戻り政治家として社会づくりの矢面に立ち、落選後に命と直結する食の世界へ足を踏み込むというこれまでの歩みは、まさに私自身がリアリティを追い求めてきた道程であったのかもしれない。

本章ではこれまで見てきた一次産業の持つ根源的な力を使って、消費社会を生きる私たちがどのように自らの「生」を立て直し、リアリティを再生していくのかについて示したい。

デザインと広告の力

消費社会の本質は情報化だと、社会学者で東京大学名誉教授の見田宗介氏は言っている（岩波新書『現代社会の理論』）。人間が生きていく上で必要不可欠なものを満たそうとするのが「欲求」だが、これには限りがある。この有限なマーケットを無限に拡大し「欲望」に昇華させるために、他人との差異に優劣を感じさせる情報（デザインと広告）を付与したのが今の消費社会の実像なのだと、見田氏は指摘する。その具体例として、二〇世紀初頭のアメリカの自動車産業の覇権移行についてあげていた。

自動車産業の嚆矢《こうし》となったフォードは、チャップリンの『モダン・タイムス』で揶揄されたように徹底的に大量生産を行い、車の値段を大幅に下げて世界（先進国）の市場を制覇した。しかし頑丈なつくりなので一度購入すると二〇年は乗れたため、やがてマーケットは飽和状態となる。

この限界を超えたのがＧＭだった。彼らは「これからの車は機能よりもデザインで売れる」をモットーに掲げ、モデルチェンジを繰り返した。前年よりも斬新なスタイル、鮮やかなカラーリングなどを広告宣伝によりアピールし、耐用年数がまだ残っていても買い換えたいという人々の「欲望」を喚起した。それに成功すると、売上であっさりとフォードを追い抜いた。

欲望は情報で解き放たれるという新たな発見により、一九世紀後半からほぼ一〇年おきに発生してきた需要不足に伴う壊滅的な恐慌は回避され（恐慌が起きなかったときは、戦争で需要を生み出していた）、資本主義の成熟発展に大きく貢献したわけだ。

バーチャル市場

さらに消費社会の成熟化が進むと、次なるステージが必要となる。情報化が行き着くところまで行ったとき、マーケッターが考えた次なる商品（サービス）は、「虚構化」だった。リアルな世界に消費の「余白」がなくなったなら、消費社会の拡大を続けるためにはバーチャルな世界、フィクションの世界に新たな余白をつくればいい。彼らは叡知を結集して無理やりそれをつくり上げた。

アメリカで二〇〇八年に発生し、世界の金融界をどん底に突き落とした「サブプライムローン問題」では、ロケット工学を担うべき頭脳がウォール街に流れ込み、金融商品の上にさらに金融商品を重ねるレバレッジ商品を無理やり生み出したことが原因だった。考えた本人ですらそのシステムの全容を把握できないくらい実態から遠ざかったこのフィクショナルな金融システムは、最終的にはアメリカの貧困層の生活というリアルな一点から崩壊したのだと、見田氏は分析している。

同様に八〇年代末期に花開いた日本のバブル経済も虚構だった。その頃を頂点として消費文明社会の先頭集団を走ってきた日本人は、バブル崩壊後の「失われた二〇年」は引き続き虚構に余白を求める二〇年でもあり、いよいよ「リアリティの崩壊」という目に見えない化け物と向き合わざるをえなくなっている。それが「今」という時代だ。

この化け物が牙を剥き、表面化したひとつの事例として、九五年のオウム真理教地下鉄無差別殺人事件、〇八年の秋葉原無差別殺人事件などがあげられる。それらはいずれも極端な事例だが、どれも崩壊したリアリティを再生しようというエネルギーを間違った形で「外」に向けたことによって引き起こされている、という共通点を持っている。

逆にエネルギーを間違った形で「内」に向けると、たとえばそれは最近多いといわれる女子高生たちのリストカットになる。電車や繁華街でそれとなく観察していると、手首に傷を持つ女子高生が少なくない。エネルギーを外に向けるか内に向けるかの違いはあっても、殺人犯も女子高生も「生きる実感がわかない」「生きる意味を見出せない」「自分という存在が消えていく」という深層的な理由は通底している。根っこは同じなのだとする見立ては、私も見田氏と同様だった。

リアリティを取り戻せ

一方で、このエネルギーを正しい方向に向け、リアリティを取り戻そうとしている人たちも少なくない。阪神・淡路大震災や東日本大震災でボランティアに訪れた人たちや、なんらかの使命を持って途上国や国内の農漁村に向かう人たち。特に若者がそうだ。中にはある日突然会社を辞めて被災地に移住し、起業する。あるいは被災地で活動するＮＧＯやＮＰＯに転職する人もいる。

しかし現実を考えれば、ここまで思い切ったことができる人は日本人全体のごく一握りだ。

大多数の人々は、本業を持ちながら余暇の時間にこうした活動に身を投じている。すでに述べた「二枚目の名刺」を持つ人々だ。

第二章で紹介したように、最近は震災などの緊急時だけでなく、平時にもこうした動きをする人々が増えている。夜間や休日、長期休暇中に二枚目の名刺を持って、現地に飛び込む人々だ。

彼らは「食べるために本業で働くのは仕方がない」という現実に向き合いながらも、リアリティの崩壊という化け物に自分が侵蝕されないように「もうひとつの顔」を持ち、「もうひとつの世界」を並行して生きながらバランスをとっている。向かっている先の多くは小規模で、手触り感があり、やりがいを感じられ、存在意義を見出せる場所で、社会的矛盾が剥き出しになっている「リアルな現場」だ。

今ある経済社会を否定する（所属組織を離れる）ためには、自分で食べていく自信と勇気が必要だ。家族などを路頭に迷わせるリスクもあるし、何よりそれまでの自分が懸命に歩んできた道を、ある意味で自己否定・自己反省しなければならないという、とても困難な作業を伴う。

そうではなく、今ある経済社会の矛盾に気づきながらも現実世界に所属しつつ、その恩恵にもあずかりながら、一方でもうひとつの「生きる実感」を持てる理想世界をも追求する。都市か田舎か、組織か自立かという極端な選択ではない「中庸の道」。そこを自分のスタイルで進む人が増えてきた。

すべては「お金」で解決するシステムが成立し、自分たちの暮らしを自らの手でつくることを放棄した歴史でもあった。消費社会の発展により、消費者はグラウンドのプレーヤーであることをやめて観客席に座る「お客様」になってしまった。

その結果政治、まちづくり、一次産業、介護、医療、教育、メディアなど、あらゆる分野で「他人事化」が進行してきた。無限大に肥大した欲望を持つ「待てない消費者」が、生産する側の限界を超えた利己的な要求をつきつけ、社会を貪り尽くそうとしている。たとえば、医療における「コンビニ受診」や、教育における「モンスターペアレンツ」など。お客様になることで、さらにリアリティも失い、自分自身の生きる実感まで貪り尽くそうとしている。

詰まるところリアリティを取り戻すとは、「当事者になる」「グラウンドに降りる」ということに他ならないのだと思う。

社会変革への道

圧倒的大多数の人々が二枚目の名刺を持ち、給料の二パーセントを、一週間の二時間を、もうひとつの世界をつくることに注いでいったら、化け物に侵食された日本社会も大きく変わっていくはずだ。それが最も現実的な、社会の変革の道だと思う。現在の日本には独裁者もいないので、論理的に考えて体制をひっくり返す革命は起こしようがない。今目の前にある現実世界を、自分が望むもうひとつの理想世界で少しずつ上書き保存していく。そうなれば、本業のあり方も変わっていくのではないだろうか。営利と非営利の境界線はすでに瓦解し始めている。たとえば、アメリカにおける非営利組織の収入は、二〇〇〇年から二〇一〇年の間にインフレ調整後で四一パーセント上昇している。同期間に一六・四パーセント上昇した国内総生産の成長率の二倍以上である。また非営利組織の数が二〇〇一年から二〇一一年の間で、一三〇万から一六〇万へと約二五パーセント増加する一方、営利企業の数は〇・五パーセントしか増えていない。

消費社会の進化が生み出すリアリティの崩壊という化け物は、私たち自身を蝕むだけにとどまらない。資本主義の必然として、他者を間接的に収奪する構造からは逃れられないので、私たちは消費行動をしているだけで未来世代と途上国を蝕み続けている。

常に情報（広告とデザイン）に煽られる消費社会は、大量生産と大量消費が表舞台だが、入り口には大量採取、出口には大量廃棄があり、資源と環境の限界がつきまとう。それら都合の悪い部分だけを外部世界（途上国など）に押し出し、間接化して、私たちは加害者意識を感じることができなくなってきたのだと見田宗介氏は見るが、同感だ。明らかに無意識のままに他者を犠牲にし、人類の存続という根本的な問題解決からどんどん遠ざかっている。

生物の進化は、自らの生存を脅かす環境変化に適応する形でなされてきた。その意味では、消費文明社会の先頭集団を走ってきた私たちは、人類の進化の最前線にいるといえなくもない。私たちはさらに進化していくだろう都市の「バーチャルな世界」を生きる力を養いながら、その力が自らに刃《やいば》を向けないよう、その力を使いこなす「知性と野性」を鍛え直す必要がある。

バーチャルとリアルの共生は、頭脳と身体、都市と地方、人工と自然、意識と無意識、西洋と東洋のバランスをはかる道でもある。

二　都市生活にほとほと疲れたあなたのために

自由で豊かな暮らしに苦しめられる矛盾

これまで本書では自然の持つ力、素晴らしさについて述べてきたが、自然はときに私たちに牙を剥き、襲いかかる恐ろしい存在であることも忘れてはならない。その恐ろしい自然を排除し、安心して暮らすために私たちは都市という要塞に立てこもった。さらに快適で便利な暮らしを目指し、テクノロジーを発達させ、自由で豊かな社会を実現させてきた。その反作用としてリアリティも喪失した。

私たちが目指した社会が、諸刃の剣になって私たち自身に斬りかかることになろうとは、一体誰が予想しただろう。私たちが目指し、実現した自由で豊かな暮らしが、今私たちを苦しめている。今日私たちを襲う化け物は、実は鏡に映った私たち自身の姿なのだ。

さりとてようやく手に入れた自由で快適で便利で豊かな暮らしを手放すことができるかと

いえば、難しいだろう。社会の後退、人類の退化を、人間社会、世界は受け入れることはできない。

水俣病で父親を亡くした漁師の緒方正人さんは著書や講演で口癖のように言う。

「近代社会はヤクザの世界より足を洗うのが難しい」

そのことを私たちは、自覚せねばならない。

私たちは、私たち自身である化け物を退治することができない。

とすれば、他に私たちが生き延びる道はあるのだろうか。

私は「化け物と共存する道」を探ることこそが、その答えだと思っている。

化け物の癖、特徴、生態をしっかり把握し、自分たちがその化け物に襲われないように折り合いをつける。やり過ごすのだ。糖尿病のように、病を除去するのではなく病と付き合いながら生きていく。

それは前述したように、頭脳と身体、都会と田舎、人工と自然、意識と無意識、西洋と東洋のバランスをはかることに他ならない。

前者（頭脳、都会、人工、意識、西洋）に極端に偏っている今日の世界、私たちの生き方を、後者（身体、田舎、自然、無意識、東洋）に寄せることで、前者の世界は後者の世界に上書きされていく。

上書きの素晴らしいところは、もともとあったものを否定しないことだ。積み重ねられ、更新することは、進化に似ている。

そう、これは人類の進化なのかもしれない。

消費文明社会の先頭を走る日本で、真っ先に化け物が表出したことは必然だったともいえる。世界の課題先進国ともいわれる日本なのであるから、その化け物を退治する新しい生き方を世界に提示することができれば、課題解決先進国として世界に貢献することができる。

今後下り坂が予想される先進国の「生き方のモデル」にならなければならない。

どうして東京人は走りたがるのか

頭脳と身体のバランスを崩し、リアリティの崩壊という化け物に襲われている都市住民たちは、すでに無意識の内に自己防衛を行っている。

皇居の周囲は、休日の午前中ともなると、ジョギングするランナーが数珠つなぎになって溢れ返る。私はこれに巻き込まれるのが嫌で、皇居の周りをウォーキングするときは、早朝三時にホテルの部屋を出ている。かつてマラソンといえばプロのランナーしかいなかったが、今ではすっかり大衆化した。それでも満足できない人たちが一〇〇キロのコースを走るウルトラマラソンにこぞって参加していると聞く。どの大会も募集開始と共に定員に達するため、出場できない「ウルトラマラソン難民」なるものまでいるという。

また夜に都心を走る電車の車窓から外を眺めていると、全面ガラス張りのトレーニングジムで一列になってマシンを走る人々の姿が散見される。最近では、二四時間のフィットネスジムが流行っているようだ。しかも女性客が増えているという。子どもを寝かしつけた後の主婦や、残業を終えたＯＬがジムにやってきて、いい汗を流しているらしい。

なぜ人々はこうも走りたがるのだろうか。

それは、まさに生きものとしてのリアリティを感じられる行為だからではないだろうか。摂取したカロリーより消費するカロリーが少なければ、人間は太る。そして、それがたまると生活習慣病になる。そうならないように走るという人もいる。言わば健康のために。ナチスのホロコーストの象徴とされる強制収容所アウシュビッツでは、ガス室送りを免れたユダヤ人が、一日一食の粗末な食事で重労働を強制されていた。摂取したカロリーより消費するカロリーが圧倒的に上回るのでどんどん痩せていき、最後は骨と皮になった。

その体験者のひとりは、「自分で自分を食べる」感覚だったと記録している。口から食べる物がなければ、自分の生を保つために、自分を食べるしかない。痩せるということは、自分で自分を食べることでもあるのだ。日本の健康のために「痩せる」ことと背景はまったく違うけれど、「生きることに飢えている」ことを考えれば、自分で自分を食べることで飢えを潤そうとしているともとれる。

農化するサラリーマン

自然がない都会で頭ばかり使っていると、頭脳と身体の均衡が崩れ、心が健康でなくなる。大企業では社員が「鍬《くわ》」を持ち始めている。たとえば三菱地所や博報堂では、会社が休耕地や耕作放棄地に社員を送り込んで開墾させている。先日トークイベントでご一緒した無印良品の部長さんも、若手社員研修で開墾させたらみんな大喜びし、他の社員もみんな行きたがっていたと嬉しそうに語っていた。

前述したように、こうした取り組みは、一昔前であれば企業としてのＣＳＲ、社会貢献の文脈で語られていたが、今では社員を守る「企業防衛」という位置づけだ。社員のメンタルヘルス改善を目的に行われているのだ。

現在大企業において、社員が休職・退職する一番多い理由は「精神疾患」だ。では最も休職する社員が多い業種は何だろうか。

それは金融とIT業界だという。いうまでもなく、バーチャル世界が最も進展した業界だ。頭脳と身体のバランスを崩している人が多いのも理解できる。こうした事態を受けて、大企業では社員にリアルを体感してもらうために「開墾」をさせているのだ。

企業にしてみれば、育成のための投資をしてきた一〇年選手から、ある日突然「会社を休みます、辞めます」と言い出されては大きな損失だ。そんな事態にならないように、新たな「投資」と「企業防衛」をせざるをえない。

だから社員を田舎に連れていき、自然の中で働かせて、自分たちの食べものが育つ環境に身を置く喜びを味わわせる。社員たちは命の喜びを感じ、元気になる。その結果都会に戻っても仕事の生産性が上がったという例は、よく耳にする。「食べる通信」の読者にもよく見られる現象だ。

母親たちも子どもを守るために動き始めている。近年夏休みになると、母親たちはこぞって子どもたちを自然体験キャンプ、農業体験ツアーに送り出している。どのツアーも応募者が溢れて抽選だと聞く。昔であれば田舎のばあちゃんやじいちゃん、親戚のもとに送り込めば済んだものが、今や送り込む先の親族自体がいない。母親たちも、このまま子どもたちを都会のコンクリートジャングルの中で育てたらまずいと直感的に感じているからこそ、こうした体験の需要は広まっているのだろう。

このようにして、都市住民は自ら頭と体のバランスをとることを無意識の内に行い始めている。ランニングもいい、開墾もいい、キャンプもいいが、より多くの人たちがリアリティを再生する回路を、暮らしの中に無理なく組み込める方法を次に提案したい。

三　一億総百姓化社会

農家から直接購入することで見えてくるもの

食べものの買い方を変えるだけで、リアリティ再生の道は開ける。

どう変えるのか。農家や漁師から直接購入すればいい。そうすれば豊かでリアルなかけがえのない「関係性」を手に入れることができる。

これまで述べてきたように物質的豊かさでは飽和状態の日本は、これまでのような刹那的な消費では飽き足らない層が生まれつつある。彼らは自分のお金を何に使えば幸福になれるのか、お金の使い方に逡巡している。

インターネットが広く普及する以前であれば、人は地縁、血縁、同級生、職場の同僚などの限られたコミュニティの中で、その人間関係に依存する必要があった。そういう狭いコミュニティの中では、誰かにとってかけがえのない人間になりやすい環境が存在した。

ところがインターネットやＳＮＳの登場で、私たちのコミュニティの壁が瓦解し、それまでのように依存し合う関係をつくることが困難になっている。大勢の人間の中から、そのときそのテーマその気分によって相応しい人間を選べばいい。ちなみに私はフェイスブックの「友達」が間もなく上限の五〇〇〇人に達するが、もはやコミュニティとは呼べない規模になっている。もちろんすべての人を認識し日常的にコミュニケートしているわけではないが、少なくとも私が投稿する情報は彼らに届いている。インターネットがない時代であれば、自分が把握できる友人関係は、いいところ二〇〇人程度だったはずだが、その二〇倍以上の関係性が、バーチャル空間では成立しているわけだ。

ところが人々は、逆にリアルな場では関係性づくりに難儀している。職場でも同様で、多様化・専門化が進むほどに、同じ部署にいても同僚が互いに何をしているのかがわからず、感謝する、尊敬するという感覚を相手に持ちにくくなっている。社会の基礎単位であった家族の関係性ですら揺らいでいる。

私たち人間は、人との関わりの中でしか「自分の輪郭」を捉えることができないといわれる。それなのに従来のコミュニティが崩れ去ったこの時代に、私たちは新しい関係性をどうデザインしていけばいいのか。それが時代の大きなテーマに浮上している。

その点で、生産者と消費者の関係はとてもわかりやすく、共依存関係を築きやすい。生産者から直接食べものを買うことのよさは、単純に価格的なメリットだけではない。そもそもこの行為を「食べものを買う」と認識すること自体が適切ではない。お互いに「共依存すること」と定義し直したい。食べものを直接買うということは、お互いに依存し合い、貢献し合うことなのだ。

「食べる」という行為は、連綿と繰り返される性質ゆえに、関係性のデザインが成立しやすいテーマだ。何より食べものをつくるという行為は、誰しも逃れられない生物の根源的な営みだから、自分がやらないのであれば誰かにやってもらうしかない。こんなにわかりやすいリアルな依存関係があるだろうか。

自分が育てた野菜やお米を遠い親戚に送る。そのお返しとして、生活費の一部を送ってもらう。かつては当たり前にあったそんな関係を他人同士でつくることができたら、こんなに豊かで幸せなことはない。そこに時間やお金をかける価値も生まれる。

食べものとお金という交換可能な刹那的関係から、食べる人とつくる人という交換不可能な持続的関係に移行するには、農家や漁師から生産物を直接買い、つながることが一番手っ取り早い。人間関係がどんどん希薄になる世の中にあって、生産者と消費者がリアルな関係性を潜在的に持つ。

だからこそこれから社会の流動化が加速する時代の中で、新しく生まれてくるコミュニティの中心には、間違いなく「農漁業」があると私は思うのだ。

まだ人生で一度も食べものを育てる体験をしたことがないという人であれば、こうした「顔の見える消費」を通じてつながった生産者さんと関係性をつくり、友達になればいい。休日や長期休暇に現場を訪ねて、農業や漁業を体験させてもらえばいい。土をいじり、波にゆられることで、その視界は一気に開け、これまで見ていた世界が別のものになるだろう。体験を通じて、日頃その生産者から食べものを買う行為は、さらに豊かさをもたらしてくれるに違いない。

何より自分の命を支える食べものを育む自然に直に触れ、その自然に生産者がどういう働きかけをしているのかを知ることで、「命が喜ぶ」感覚を味わうことができる。

そこには普段あなたが都市生活の中で体感することができない圧倒的なリアリティがあり、あなたは生きものとしての自分に目覚める。リアリティを回復した「生」は、都市生活をも逞しく生き抜く。

自然と接続する回路

生産者と直接つながって食べものを買い、その関係を続けていると、都市にいながらにして自然とはなんたるかを知ることができ、人間の力ではどうにもならない自然と間接的につながることができる。なぜなら私たちは食べるという行為を通じて、体の中に自然を取り込んでいるからだ。

都市で生きる私たちは、普段は食べものの表側しか見えないので、なかなかそのことを理解しにくくなっている。生産者から直接購入し、食べものの裏側が見えると、そのことが理解できるようになっていく。

「東北食べる通信」の誌面で対談させてもらった生物学者の福岡伸一先生は、これまでの機械論的生命観を覆す「動的平衡」を説いている。動的平衡、つまり生命は流れの中のよどみなのだと。

私たちの体をつくる食べものは、もともとは他の生き物の体の一部だった。分子レベルで見るとその生きものの体の一部は私たちの体の分子に合成され、もともと私たちの体の一部であった分子はその分だけ分解され、体外に放出される。つまりその生きものの体の一部が、私たちの体の一部と入れ換わっているのだ。車のガソリン給油に例えれば、ガソリンは燃料になるだけでなく、エンジンやボディ、シャフトの一部に成り代わるということになる。

こうして食べものは単にエネルギーになるだけでなく、私たちの体そのものになる。そうやって取り込まれる生きものたちもまた同様に、他の生きものを取り込み、水や太陽といった自然の力を取り込みながら生きていた。つまり私たちは食べるという行為を通じて、自然環境が体の中を通っているということになる。だから自分の健康や命を考えることとは、他の生きものも含めた自然を考えることであり、その自然を考えることとは自分の健康を考えることに他ならない。すなわち自分の命と他の生きものの命、そして自然はすべてつながっている（岩波ブックレット『生命と食』など）。

この感覚を喪失した都市住民は、生きる実感を手放すだけでなく、自然環境を破壊することにも不感症となっていった。自然環境を汚すことは、自分を汚すことと同じなのに何も感じない。結果として生物多様性を奪い、気候変動という人類の存亡に関わる大問題を引き起こすまでに至っている。

生産者から直接食べものを買うということは、生産者が食べものの裏側の世界にあなたを誘ってくれるということである。農家や漁師は、あなたの口に運ばれる食べものがどういう自然環境で育ったのかをあなたに伝えるだろう。自然と自分の生命がつながっていることを知って理解しながら食べることで、あなたは間接的に自然とつながることができるのだ。

安い牛乳を買うのは本当に合理的か?

あなたがもしスーパーで牛乳を買おうとしたとき、すべてのプロセスが明らかにされた二五〇円の牛乳と、プロセスが見えない二〇〇円の牛乳が目の前に並んでいたとしたら、どちらに手が伸びるだろうか。ほとんどの人はこの五〇円を払わず、安い二〇〇円の牛乳を買うだろう。一見五〇円安い牛乳を買うことは、家計的に見れば合理的判断だといえる。けれど短期的に見て合理的な判断が、長期的に見ると必ずしも合理的ではないことは往々にしてある。食べものの場合は特にそのことがいえるだろう。

製造工程を包み隠さずに明らかにされた食べものは、自信があるからこそ情報をオープンにしている。その分、値段が高くなるのは当然だ。

この五〇円を払えず（または払わず）、自分の食べものに無関心な食生活を続け、将来病気になって高い医療費を払い、最後は病院のベッドにくくりつけられて寝たきりのまま死ぬのがよいのか。それとも自分の食べものの背景に関心を持って食生活を送り、この五〇円は長い目で見れば安いと考えて払って健康寿命を延ばし、最後まで愛する家族に囲まれ慣れ親しんだ家で死ぬのがいいのか。みなさんはどちらがいいだろうか。前者はネガティブコスト、後者はポジティブコストだ。仮にトータルでは同じコストがかかるのであれば、個人としても社会としても、圧倒的にポジティブコストを払う方が幸せだといえるのではないだろうか。

この五〇円を払えず、携帯電話代金に一家で毎月数万円かけるという消費行動は、いかに自分の命や健康をないがしろにしているかの証でもある。日本はこの先「寿命一〇〇年時代」を迎えるといわれている。今のままでは医療費が膨れ上がり、ネガティブコストで社会が押しつぶされることは明白だ。

最近のことだが、野菜ソムリエの資格をとったという医者の女性に出会った。「なぜ医者が野菜？」と聞くと、「うちの病院に来る患者を減らさないと日本は持たない」と、強い危機感を語ってくれた。

「医食同源」とはよく言ったもので、私たちが口から取り込んでいる食べものは薬と同じだ。同じお金をかけるのなら、医療にかけるよりも食べものにかける方が幸福な人生といえるのではないか。医者に払うお金を、農家に払うようになればいい。

食べものの購入を通じてつながった農家を、かかりつけの医者と見立ててみたらどうだろう。体が病気になってから医者に診てもらうのは、自分の健康や命に対して当事者意識に欠けるといわざるをえない。農家から食べものについて学びながら、自分の健康や命を主体的に守る側に回れば、生きる喜びも増すはずだ。

私自身も知り合いの農家から教わった食生活を実践することで、二年間苦しめられた痔が自然に治り、椅子に座ることが怖くなくなった経験がある。こんなに喜ばしいことがあるだろうか。自らの恥をこうして告白してでも、そのことの素晴らしさを伝えたい。

この夏から私は、新たに消費者が旬の食材をダイレクトに生産者から購入できるスマホアプリ「ポケットマルシェ」というサービスを始める。ぜひみなさんにも、生産者から直接食べものを買うというリアルな体験をしてもらいたい。

都会で急増する体験農業

わざわざ遠い生産地から食べものを買ったり、遠い生産地に体験に行ったりしなくても、身近なところで生産活動をしている農家がいるのであれば、そこに足を運んでみるのもいいだろう。東京は大消費地というイメージだが、実際には農業の販売生産額は全国の九パーセントもある。それだけ実は農家がいるということだ。ちなみに、東京二三区にある農地の四割が集中している練馬区では、近年体験農業が人気を集めている。

練馬区の郊外で一九九六年から体験農業の受け入れを始めた白石好孝さんは、現在一四〇人の会員を受け入れている。会員はひとり年間三万八〇〇〇円を払う。区が一万二〇〇〇円の補助を出すのでひとりあたり五万円。一四〇人分で合計七〇〇万円が白石さんに入る。しかも作付け前に先払いされるので、これで一年の所得が見込める。安定した収入になるので、これからの都市農業は体験農業が収入のもうひとつの柱になると白石さんは考えている。会員の九割は区内からやってくる。年齢構成はだいたい人口分布と同じで、各世代がまんべんなくいるという。

私が見学に行った日は、ビニールハウスの中で会員の更新手続きが行われていた。親の代理できたという男子大学生、サラリーマン、ＯＬ、子連れの家族。バイクでやってきた中年男性は、一〇年間も品川区からこの農園に通っているそうだ。犬の散歩をしているときにこの農園の存在を知ったという高齢の男性は、「暇でやることがないし、野菜好きだからやり始めた」と語っていた。

会員は八割が翌年度も継続するという。最長五年間継続でき、さらに継続したい場合は一度卒業してもらってもう一度区にハガキで応募してもらい、抽選を通るとまた使うことができる仕組みだ。倍率は二倍。ちなみに練馬区には他に一五軒の農家が体験農業の受け入れをしている。立地のよい練馬区中心部では七軒の農家が受け入れをしているが、倍率は一〇〇倍。とにかく人気なのだ。

会員になると、ひとりにひとつの畝《うね》があてがわれる。農場には一番から一四〇番までのボードが立っている。月に二回、会員は白石さんから野菜づくりの講習を受ける。後は好きなときに来ればいい。春夏で一七種類、秋冬で一七種類の野菜を収穫するので、会員はまったく野菜を買う必要がないという。農機具や肥料、種は農園にあるので、持参するのは長靴と手袋くらいという身軽さ。ひと家族でやっていると忙しいときに世話ができないので、いくつかの家族でひとつの畝をシェアする例もあるという。

この体験農業は練馬方式と呼ばれ、東京都内では練馬区の次に農地が多い世田谷区、さらに大阪や福岡などにも広がっている。

なぜこんなにも人気なのか。白石さんは次のように語る。

「日本人は稲作を二〇〇〇年もやってきた。明治維新で農業から離れてまだたったの一五〇年。ＤＮＡに刻まれている農耕民族の感覚が呼び覚まされているんじゃないだろうか」

少し前のデータになるが、農水省の平成一五年の調査によると、都会の農地を「保全すべき」と答えた人が実に八割強に上っている。リアリティの崩壊という化け物と共存するために、必要な環境を残しておこうという無意識の現れだと私は思う。農地は今や、現代人の生きるための最大の「武器」なのだ。

農業者は医療費支出が少ない

これまで東京、大阪、名古屋などの大都市における農家は冷遇されてきた。「お前らが都会で農業なんかやってるから地価が上がるんじゃないか」、という無言の批判が周囲に漂っていた。そうした逆風が都市農業に吹く中で、多くの農家が農地を宅地に変え、現金化していった。

しかし人口減少時代を迎え、大都市もこれ以上宅地需要が見込まれない。大多数の都市住民が、都会にも農地は必要だと感じ、世論も変わってきた。こうした環境変化を受け、国会で「都市農業振興基本法」が成立。国も都市における農業の重要性を認識しつつある。福祉の観点からも農業の重要性は増していくだろう。今東京では高齢者が高いお金を払って老人ホームに入居し、痴呆症予防に積み木やおはじきをしている。こんなに非生産的なことがあるだろうか。太陽の光を浴び、土をいじり、自分の食べものを育て、健康を維持する方がよほど生産的だし、社会コストの低減にもつながる。

早稲田大学持続型食・農・バイオ研究所は最近、埼玉県本庄市の七五歳以上の個人データ五年分を分析し、農業者はそれ以外の人に比べ、二割ほど医療費の支出額が少ないことを突き止めた。農家は高齢になっても元気だといわれてきたが、実際の医療費の比較で証明されたのだ。

高齢者が農業を続ける、あるいは農業を始めることで、医療費の削減が期待できる。問題はこれから高齢者が一気に増える東京に、農地が少ないことだ。そうしたこともあり、政府はアメリカで広がる「CCRC（コンティニュイング・ケア・リタイヤメント・コミュニティ＝大都市の高齢者が希望に応じて地域に移り住み、継続的なケアを受けられるような地域づくり）」と呼ばれる、都市から地方に移住した高齢者の町を日本でも実現させようとしている。すでに全国の多数の自治体が名乗りをあげ、試行錯誤を始めているが、果たしてうまくいくだろうか。

日本では産業としての農業の議論しかほとんど聞かれないが、こうした福祉の観点からも農業を暮らしの中に取り込む議論を本格的にするべきだと思う。兼業農家が問題視されるが、長年専業農家が奨励されてきた中で兼業農家が減らないのは、暮らしの中に「食べものを育てる」営みを残しておきたいという本能があるからではなかっただろうか。子育てと同じで、食べものが育つプロセスを知り、関わり、手入れすることは、人間の根源的な喜びなのだから。

一億総百姓化社会

「食べものを育てる」という直接体験には、自らの生存基盤を己の手と汗でつくるという圧倒的リアリティがある。ひとつとして同じものがない自然の世界には、驚き、感動、発見が満ちている。

練馬区の農家での体験農業を、一年間経験した三〇代の女性はこう言う。

「普段はパソコンばかり触っているので、土いじりに癒されていました。土から小さな芽が出てそれが大きくなって、収穫して自分のお腹におさまることの不思議さ、面白さにも魅了されました。それまでも農業には興味があって本を読んだりしていたのですが、実際に〝体験〟することには、〝知る〟ことでは決して得られなかった〝発見〟があったんです」

本で読んで知ったことと、体を動かして発見したこととの間には、決定的な差がある。知識は受動的に受け取るものなのに対し、発見は主体的につかみとったものだ。発見の方が、圧倒的に喜びが大きいのは当然なのだ。これは勉強と学びの違いに近いと思う。勉強はつまらないが、学ぶことは楽しい。リアリティを感じることができないのは、暮らしの中に発見が少ないからではないだろうか。スマホで得られる知識は「他人」のものなのに対し、体験で得られる発見は「自分」のものだ。

都市の消費社会は、他人から与えられた知識で溢れ返っている。「知ること」は「消費すること」に似ている。どちらも自ら生み出したものではない。受け身なのだ。知ることばかり、消費することばかりの暮らしでは、リアリティを感じられなくなるのも当然のことだ。

一方「発見すること」は、「生産すること」に似ている。ともに自ら生み出す行為である。この発見と生産が結びつく場が、「農」である。つまり自分がいなければ存在しない世界。その世界はリアリティそのものだ。

今日本の農家は、全人口の三パーセントに満たない。つまり九七パーセントにも及ぶ消費者が自然から切り離され、都市化し、「農」のない世界を生きている。そして化け物と対峙しようとしているのが、この消費社会だ。私はすべての人に、「農」の世界が必要だと思う。しかしみなが生産者になれるわけではない。ならば九七パーセントの人が、「農」の世界を生きる三パーセントの人に接続することだと思う。

直接食べものを買っている生産者のところに観光がてら訪ねて、収穫体験をしてもいい。近場にいる生産者のところに通って、体験農業をしてもいい。忙しくて時間がない人は、せめてマンションのベランダにプランターを置いて種をまいてみたらいい。こうして無理のない範囲で自分の暮らしの中に「農」の時間を意識的に持ってみる。それだけでもだいぶ人間が変わると思う。

一億総百姓化社会。これが実現すれば、みんなが自然という生命のふるさとに「逆参勤交代」をしていることになる。おそらくあちこちに、「農」を中心に据えるコミュニティが生まれてくることになるだろう。

四　グラウンドに降りる

退屈から逃れるために

私たちを蝕むリアリティの崩壊という化け物。この化け物を生み出した背景と消費社会には、深い関わりがある。

本書の最後に、「リアリティの再生」こそが現在の社会問題を解決の道に導く、その可能性について書きたいと思う。

現在の肥大化した消費社会において、お客様は神様だ。生産と消費はコインの表裏の関係なのに、ひとたび問題が発生すると、すべて生産側の問題、責任とされる。消費者は文句を言っているだけで、その問題を解決する側に回ろうとしない。どこまでも他人事である。当事者とは責任を引き受ける人のことをいう。つまりリスクを負う人のことだ。消費社会では誰もがリスクを背負うことをしないので、問題解決は遠のいていく。

それだけではない。当事者であることを避け続ける私たちは、リアリティを失った。生きるということは常に死ぬリスクを抱えているということに他ならない。だからリスクに目を向けないことは、生きることに向き合わないことに等しい。

リスクを直視すれば、それを回避しようと私たちは考え、行動し、ときに助け合う。それが生きるということだ。つまり私たちは今、「生きているけれど生きていない」。だからリアリティを感じられない。そして退屈している。

私はここにこそ、反転の兆しを見出している。

退屈から逃れるには、リアリティを回復するしかない。つまり自分を取り巻く環境や社会に関心を持ち、リスクを知り、それを当事者として引き受ける側に回ることだ。そうすることで、私たちは生きるスイッチをオンに切り替えることができる。リアリティを回復する人間が増えれば増えるほど、社会は今より確実によくなる。

「共犯者としての自分」を自覚する

今思えば「東北食べる通信」を創刊することは、私自身がリアリティを回復することでもあった。

「東北食べる通信」は、東日本大震災がなければ生まれなかった。自然災害はその時代の社会の弱点を突いてくる。被災地で露《あら》わになった問題のひとつに、生産者と消費者の分断があった。支援に訪れた多くの都市住民が、震災前から高齢化・過疎化で担い手が減り続け、疲弊する農漁村の姿を目の当たりにした。その事実を自分の日常の暮らしに引き寄せて考え、そうした問題を生み出す側に間接的に加担していた「共犯者としての自分」に気づいた人たちがいた。私もそのひとりだった。

私たちは食べものを食べなければ生きていくことができない。その食べものを私たちの代わりにつくってくれていたのが、被災地の農漁村で暮らす農家や漁師だった。こんな当たり前の事実も、生産と消費が分断され、お互いの顔が見えなくなってしまった社会にあって、私たちは想像することすら難しくなっていた。

しかし被災地を訪れた私たちは、その事実を突きつけられた。自分の命を海に奪われるリスクを背負って漁をしている漁師たちの生き様に刮目《かつもく》した。彼らは自分の命をつなぐために、海で生きる魚たちを命がけで奪いに行く。そのリスクをとることは、他の生きものの命を殺《あや》めることに対する責任のように見えた。

リスクや責任を引き受けなければ成り立たない漁業の世界。そこで生きる人々の当事者意識を前に、何のリスクも責任もとらずにその恩恵にだけあずかっていた自分自身に後ろめたさを感じ、彼らの生き方を羨望の眼差しで見つめた。当事者になって生きることの覚悟と素晴らしさ。それが自分たちには決定的に欠けている。問われたのは、日常の消費社会における私たち都市住民の当事者性を欠いた消費のあり方だった。

支援者と被災者は、よく見れば消費者と生産者だった。普段顔を合わせることがなかった両者が、震災を機に被災地で交わったのだ。私はあちこちで目にした。生産者と消費者がつながる一次産業の可能性、魅力、強さを。そして生産者を介して自然のリスクと向き合った消費者が、当事者として覚醒する姿を。これを日常からやればいいのだと思い、「東北食べる通信」を創刊したのだった。

生産者と消費者の分断という問題は、全国各地に共通していた。それがたまたま東北の被災地で可視化されたので、待ったなしの状態となり、その結果「食べる通信」が生まれたのだ。だからそれが全国に広がるのはある意味で必然であり、もし東北ではなく他の地域であのような大震災が起こっていたら、そこから生産者と消費者をつなぐ新たな取り組みが始まり、東北もそれに続いたのだと思う。

繰り返すが、人間は食べないと生きていけない。その意味でこと食に関しては、すべての国民が当事者といえる。なのにこれまでの一次産業は、農家と漁師だけが当事者として孤軍奮闘してやってきた。私たち消費者も当事者なのに、観客席で高みの見物をし、まるで他人事だった。そういう状況の中で、私たちの命の根源を支える一次産業は激しく衰退してきた。

それに対して生産者と消費者が強く結びついた一次産業とは、農家と漁師だけでなく、私たち消費者も一緒に「つくる」一次産業だ。そうなれば一次産業のプレーヤーが一気に増える。グラウンドでプレーする顔ぶれが変われば、ゲームも変わる。つまり一次産業は変わる。

国土の狭い島国の日本が、規模の拡大路線だけでは広大な面積で二四時間クーラーの効いた巨大トラクターで生産をしているアメリカやオーストラリアに勝ち目はない。小規模でも、生産者と消費者が直接につながり、価値ある生産物が適正価格で安定購入されるようになれば、ＴＰＰなど恐るるに足りない。

またオランダの農業は、日本の何倍も高い収入を農家が得ていると注目されているが、若者の離農が止まらないという現実もあると聞く。それを重く受け止める必要がある。稼げるけれども農業は大変な仕事で、土まみれの古臭い仕事というイメージを払拭できていないという。

だから、ただ収入を上げるだけでなく、消費者に生産することの価値や素晴らしさを理解してもらいながら収入を上げていくことが大事なのだと思う。

今東京だけでなく、田舎の子どもたちも土に指一本触れずに育ち、やがて都市に出ていくケースが多いと聞く。それはなぜか。親が汚いからと土にさわらせないからである。自分たちが食べている野菜は、その土でできているのに、だ。

これではたとえ稼げる仕事になっても、一次産業を目指す若者は出てこないだろう。土の価値、海の価値、つまり自然の価値を上げていかなければならない。自然を排除した人工的な都会で生きる私たち人間は、頭で自然の大切さを理解できていても、人工物に慣れすぎてしまい、無意識的に自然を野蛮なものとして見ている。自然を基盤とする一次産業の価値が地盤沈下するのも当然だろう。

田舎の中でも、生産者の世界と消費者の世界はこのように分断されている。このふたつの異質な世界を生きる人々が交わり、相互理解を深めることを時間がかかってもしていかなければならない。

田んぼは自分自身であり、自分自身は田んぼである。

この感覚を消費者が取り戻すことができれば、一次産業の社会的価値は自ずと浮上するはずだ。そうなれば、中山間農業を保護するための直接支払（補助金）に対する国民的理解も得られるようになるのではないだろうか。

「東北食べる通信」を三年やってきて、読者（消費者）とつながった農家や漁師が、これまで乗り越えられなかった壁を突破する姿を何度となく目撃してきた。読者（消費者）の側にも、自分が当事者に回ることで自分の暮らしを取り巻く問題を解決する力を持つことができ、充実感と喜びを感じている人がいた。

観客民主主義社会の日本は、一次産業と同様の問題があらゆる分野に巣食っている。食は誰もが毎日やっている最も身近なことであり、ここから入り、食べものの裏側の世界をのぞいて当事者としての自分の役割に気づいた人たちは、他の分野でも物事の裏を考えるようになっている。裏を考えるとは、自分が受益するサービスや財の提供者と自分がどういう関係性にあるのかを考えるということだ。だから食は、社会を変えるヘッドピンになりうる可能性を秘めていると思う。食は、リアリティ再生装置になりえる。

暮らしの主役の座に

当事者になることで、リアリティ再生の道を開く可能性があることを示してきた。私がそのことに気づけたのは、東日本大震災もあるが、政治と一次産業のふたつの世界を当事者として経験できたことが大きいと思う。最後にそのことについて触れたい。

選挙になると、「政治を私たちの手に取り戻そう！」と熱弁する候補者をよく見かける。一体誰の手から取り戻すのか。聞けば有権者の意識からかけ離れてしまった既存の政治家から、有権者の手に取り戻すといっている。果たして私たちは、政治を奪われてしまったのだろうか。

日本は国民主権だ。主権者は私たち国民一人ひとり。一八歳になるとすべての国民に投票権が与えられ、まちづくり、国づくりに参加することができる。つまり政治は今なお、私たちの手の中にある。私たちは政治を奪われたのではなく、手放したのだと思う。

四年に一度の選挙。誰かに頼まれたから仕方がなく投票所に行って、後はどうぞお任せしますの白紙委任。今の政治の劣化は、私たち主権者が主権者たろうとする努力をサボタージュしてきた結果ではないだろうか。

私は五年前まで地方議員をしていた。その後後援会を解散し、「食べる通信」という食に関わる事業を始めたとき、気づいたことがあった。有権者と政治家の関係と、消費者と生産者の関係は似ている、と。

有権者も消費者も観客席の上で高みの見物をし、グラウンドでプレーしている生産者と政治家に文句だけ言っている。自分は安全なところにとどまり、決してグラウンドに降りようとはしない。今の時代、政治すらも消費の対象になってしまっているのではないだろうか。

議員時代に取り組んだ医師不足、地域医療の崩壊の問題の根源も同じだった。患者が医師を消費している。土日や夜間に軽症でも救急車を呼び、病院に駆け込む。医師は神様ではないので、力の限りを尽くしても救えない命もある。すると人殺しとすごみ、すぐに訴える。こうしてリスクの高い小児科医や産婦人科医になろうとする若者が減っていく。患者の過剰なまでの医師への攻撃が、医師を疲弊させている実態がそこにはあった。

大量消費社会では、食にとどまらず政治、医療、教育、まちづくり、そして身近な暮らしのありとあらゆる課題解決に至るまで、ほとんどお金で買える。つまりみんながお客さんで、どこもかしこも効率ばかりが求められている。消費者の論理はできるだけ安く、早く、たくさん、安全に、いいものが欲しい……。これでは生産する側は疲弊するばかりだ。

もちろんそのニーズに応える努力を、生産者がしなければならないのはいうまでもない。しかし限度がある。その限度を超え、生産する側が弱体化していくと、偽装や担い手不足などの問題が顕在化し、巡り巡ってその恩恵にあずかる消費者は困ることになる。それが今の社会の実相だ。あらゆる分野で同様の問題が起きている。

消費する側から生産する側に回るということは、誰かの手にゆだねるのではなく、当事者になるということに他ならない。なにもみんなが生産者そのものになる必要はないが、自分のできる範囲で生産する側に参加することはできるはずだ。食を例にあげれば、食べる、買う、知る、交流する、訪れる、手伝う、仲間に宣伝する、ＳＮＳで情報発信する、定期購入する、リスクシェアする、自分の専門分野の知見を活かしてアドバイスするなど、誰でも自分にできることを見つけられるだろう。

農協がどう、政治がどう、役所がどう、スーパーがどうではなく、「私はどうするか」。ここが今の日本には決定的に欠けている。課題解決を他人の手にゆだね、ダメだダメだと批判してみても事態は一向によくなってこなかった。ならば今度は自分が課題解決の当事者として入っていくしかない。そうすれば、必ず今よりよくなる。

お母さんたちの変化

ひとつの事例がある。兵庫県立柏原病院で数年前にあった取り組みだ。

小児科医がひとり、またひとりと病院から去り、柏原病院は小児科消滅の危機に瀕していた。お母さんたちは困った。最初は議員に陳情したり、四万人分の署名を集めて行政に持っていったりした。けれど行政は、「柏原だけ特別扱いできない」と、動かなかった。

そこでお母さんたちは、なぜ小児科医がこうして次から次へといなくなるのかを調べた。すると自分たちに原因があることがわかった。土日や夜間などの時間外診療を安易に求めるコンビニ受診の結果、小児科医は疲弊していたのだ。

お母さんたちは、医師を大事にしようという運動を始める。ステッカーをつくって車や商店街に貼ったり、子どもたちに医師への感謝の手紙を書かせたり、勉強会を開催したり、当事者として課題解決に取り組んだ。結果一年後には、時間外診療が四分の一に減少。ゼロになりかけていた小児科医が五人に増え、小児科は存続することになった。

消費者が生産する側に回れば、もはや消費者ではなく、生産者がつくったものを活かす生活者になり、生産する側の質が向上する。柏原のお母さんたちは医師を消費するのではなく、活かす生活者となり、自分たちに降りかかろうとしていた困難を乗り越えた。

自分の暮らしを取り巻く課題解決に主体的に参画することは、自分が「暮らしの主役」に座るということだ。国民主権、民主主義とは、本来そういうものだ。

暮らしの主役に座るとは、暮らしを自分の手に取り戻す、つまり主体的に生きるということだ。豊かだけど何かが足りない。やりがいや生きがい、生きる意味を喪失している都市住民が増えている。そんな消費社会に飲み込まれた都市住民の「生きる」のスイッチをオンに変換するカギも、ここにあると感じる。

津波ですべてを失った被災地には、生産者の世界が広がっている。この場に参加し、「生きる」を取り戻していった都市住民をたくさん見てきた。

一方地縁・血縁に頼る閉鎖的なコミュニティだった被災地は、都市住民の技能や知識、ネットワーク、資金を取り込むことで課題解決力を上げている。都市住民と地方住民が交わることで、お互いの力になるというよい化学変化が起きていく。

同じことをいかに平時でも起こせるか。

本来全国各地の農漁村には、生産者が主人公として、生産物を「つくる」場がたくさんある。被災地はそれが自然災害でよく見えるようになっただけだ。だからこそ、私は〝食〟を切り口に、地方の生産者と都市の消費者を、食べもの付きの情報誌とコミュニケーションでつなげる「東北食べる通信」という事業を始めた。消費者から生活者に変わるきっかけとなり、同時に、被災地（非日常）で起きている化学変化に近いことが、やがて生産現場（平時）でも生まれるのではないかと期待して始めたが、実際にそうした変化があちこちで生まれた。創刊して三年、リアリティの崩壊という化け物と共存する人たちが生まれ始めていることに、私は大きな手応えを感じている。

新しいふるさとの創造

「つくる」と「食べる」をつなげる。これまでの消費社会には、このつながりが欠落していた。そこにあるのは、単なる食べものとお金のやりとりだけ。生活とは「活かして生きる」と書く。

このつながりを回復することで、私は「消費者」を「生活者」に変えたい。そのためには単に生産者がつくった食べものだけでなく、人間の力が及ばない自然に働きかけて命の糧を生み出す「生産者の生き様」そのものに価値を見出していく必要がある。

その価値を共有する「生産者＝郷人《さとびと》」と「生活者＝都人《まちびと》」のつながりが回復されたとき、都市と地方はしなやかに結び合っていくはずだ。

両者が一緒になって新しいコミュニティとしての「命を支えるふるさと」「心の拠り所となるふるさと」を創造する喜びと感動を分かち合っていく。都市の背後に立派な地方（農漁村）がなければ、やがて共倒れする。

今は郷人も都人も、消費社会に飲み込まれ疲弊している。元気を取り戻すには、「つくる」で両者がつながることだ。郷人にはつくる力がなくなり、都人にはつくる喜びがない。食を通じて両者がまじり合うことができれば、一人ひとりの暮らしにつくる力と感動を回復できると、私は思う。

これまで相容れないとされてきた「競争を避ける内に閉じた『地方の共同体を重視する社会』」と「競争を促進する外に開いた『都市の個人を重視する社会』」が、食を介してまざり合った先に、活力に満ちた新たなコミュニティ、新たなふるさとを創出していきたい。

さぁあなたも、観客席の上で高みの見物などしていないで、グラウンドに降りよう。誰にとっても身近な「食べる」ということから、私たち一人ひとりが世界を変えられる力を持っていることを自覚しよう。そして一緒に世界を変える側に回ろう。

おわりに

土も海も知らずに育った私が食べものの裏側を知り、その世界の豊かさに魅せられ、それをひとりでも多くの人たちに伝えようと、「東北食べる通信」を創刊してから丸三年。たくさんの農家、漁師に出会い、取材してきた。ほとんどが二〇代から四〇代の、一次産業でいえば若者である。そこで、ひとつ気づいたことがある。家業の農業、漁業を継いだ彼らに共通しているのは、幼少期に遊びや親の仕事を通じて、目の前にある自然とたわむれる体験をしている期間があったことだ。

幼少期に刻まれた自然の記憶、匂い、鼓動は決して消えない。やがて大人になった彼らの中で蠢《うごめ》き、それを求めてほとんど直感的に都会から戻ってきているように、私には見えた。そして、農業、漁業の世界を守る側に身を置いて、寡黙に生きている。

一次産業者だけではない。例えば、『里山資本主義』の藻谷浩介さんは子どもの頃、谷川雁《がん》のラボ教育センターに通っていたという。このラボでは、毎年、長野の山で自然体験キャンプを実践していた。藻谷さんもエコノミストとしての力を、農業、漁業の世界に注いでいるが、幼少期のこうした体験が火種になっていたのではないかと思う。

身近なところにも最近、そういう人間が現れた。長野県出身の京都大学三年生の加藤翼だ。彼は大学でグローバリゼーションが引き起こした歪みを学んだ。それを学んでおきながら、東京の大企業に就職し、その歪みを広げる側に回ることに矛盾を感じ、彼は長野に帰って仕事をつくることを決意。その前に武者修行として、私たちのところに一年間インターンに来ている。彼の生い立ちを聞くと、森の幼稚園に通っていたらしく、またしても納得したのだった。

私自身にも覚えがある。子どものころ、営林署職員だった山好きの父によく山菜採りに連れていかれた。そして、三歳からスキーを教えてもらい、中学まで競技スキーに熱中した。そして一度都会に憧れて出るも、結局、田舎に戻り、一次産業の価値を伝える仕事をこうしてやっている。

自然には、そういう力があるんだと思う。まだ無意識の世界がかろうじて残る子ども時代に自然に触れ、その魅力と脅威を刻まれた人間は、やがて自然を懐かしみ、体が無意識に自然を求め、自然に戻ってくる。しかしながらどうだろう。今の日本では、子どもたちが自然から隔絶されている。東京だけでなく、田舎でも、土や海に触れずに子どもたちは育ち、都会に出ていく。土は汚い、海は危ないと親から教わりながら。

近代化とは、こういうことではなかっただろうか。近代の幕開けとなった明治維新以降の歴史は、私たちが自然から離れていく歩みでもあった。自然は野蛮なものと遠ざけ、自然を排除した人工の都市に立てこもり、自然への畏敬の念を失った。そして今、生きる実感をも失おうとしている。

たしかに近代化は魅力的だった。私たち人間を圧政と病気、飢餓や災害などの自然の脅威から守り、平穏に暮らせるようになった。その価値は今なお色褪《いろあ》せていない。しかし、その近代が今、私たちに牙を剥いて襲い掛かっている。近代は私たちそのものであるからして、私たちは私たち自身によって急襲されている。ここに難しさがある。この難問に向き合う基本的な姿勢と具体的処方箋について、本書では示してきたつもりだ。私たちは私たち自身から逃れられない。私たちの中に巣食う近代という化け物と対峙し、共存していく道を探らねばならない。頭と体、都市と地方、人工と自然、意識と無意識、西洋と東洋の均衡をはかる道を。

本書では大人の対処法を書き記してきた。しかし、より効果的な対処法としては、子どもに目を向ける他ない。子ども時代に自然と触れる体験をたくさんした人間は、この均衡をはかることを無意識にしている。

アメリカのバークレーで始まった取り組み、「エディブル・スクールヤード」。直訳すると、食べられる校庭。これは、学校の校庭のコンクリートをひっぺ返し、畑に変え、地域の農家に先生になってもらいながら、子どもたちが農業を学ぶ。種まきから、栽培、収穫、料理するところまでを一年間を通じて授業で実体験し、学ぶ。何を学ぶのか。命が循環し、持続していく世界の素晴らしさを学ぶ。そして、その世界に自分の命がつながっていることも。するとどうだろう。やがて、この世界を守り育てる側に自分の人生を使おうという進路選択をする子どもたちが出てきているという。今、このエディブル・スクールヤードは全米の幼稚園から大学までのおよそ四〇〇〇校に広がっている。

このように、命が循環し、持続する世界のど真ん中を生きる農家や漁師には、それを伝える力がある。しかし、ほとんどの日本の農家、漁師は沈黙している。美味しさを伝える食べものの表側の世界で雄弁に語る人たちは一部出てきているが、その裏側の世界の価値を言葉にする人はいない。この裏側にこそ、一次産業の大義名分、正義、価値があるにもかかわらず。

これは農家と漁師も近代化された結果だと言える。人間の力で自然をコントロールする思想を根底に置いてきた近代において、農家や漁師は時代遅れの仕事だと見なされてきた。その目を気にしているからこそ、彼らは沈黙してきたのではなかっただろうか。そして、その目に迎合してきたからこそ、食べものの表側になると口が開くようになったのではないだろうか。そうして、自らの真の価値を矮小化してこなかっただろうか。裏側こそ、語ってもらいたい。土や海に足場を置くその目線と感覚で、天下国家を語ってもらいたい。

プロサッカー選手、本田圭佑は社会と世界を雄弁に語っている。他の分野でも、一流の人は、同様に語っている。かつては、一次産業の世界にも、語る人たちはいた。しかし今、若い農家や漁師は、ほとんど裏側の世界を語ることはない。だから、私は「食べる通信」を通じて、その世界に迫り、言葉を引っ張りだす。そして、代弁者となり、社会に伝えている。そして、その声に社会の側が反応し始めている。私同様、食べものの裏側の世界を知り、価値観、魂が揺さぶられているのだ。

そうした消費者の反応を目にし、自分たちには都市住民の眠った「生」を覚醒させる力があることを自覚する農家や漁師が出始めている。農家や漁師がその力を自覚する一番よい方法は、食べものの裏側で消費者とつながることなのだ。「食べる通信」は今、北は北海道から南は沖縄まで、全国三四地域に広がっている。「食べる通信」がもっともっと広がり、三パーセントの生産者と九七パーセントの消費者が食べものの裏側でつながることができれば、日本自体が覚醒し、システムとしての「国」とは違う、もうひとつの命のふるさととしての「くに」が立ち現れるだろう。

最後に、私は、自分の直感を信じてこれまで生きてきた。自分の直感を信じるとは、それまでの自分の過去をまるごと愛することだと思っている。なぜなら、生まれてから四一年間、たくさんの人と出会い、影響を受け、その延長線上に今の自分がいる。その出会いの何ひとつ欠けていても、今の自分はない。だから、直感を大切にするということは、これまでの出会いすべてに感謝するということに他ならない。

直感に従い生きてきて、その延長線上でこの本も生まれた。だから、これまで会ったすべての人に感謝したい。特に、その出会いの中で最も影響を受けたのが八つ年上の姉、いづみだった。猫なき症候群という知的障害を抱えてこの世に生まれた姉は言葉をしゃべることができなかった。しかし、その存在そのもので私に大切なことを教えてくれた。生きることはかけがえのない素晴らしいことだと。そして、この世に無駄な人間など誰一人としていないということを。昨年、天国に召されていった姉に心から感謝込めて、この本を送りたい。

高橋博之

全国の「食べる通信」リスト

（2016年7月14日現在）

名称	特集地域	発行団体	ホームページ	編集長
東北食べる通信	東北6県	特定非営利活動法人東北開墾	http://taberu.me/tohoku/	高橋博之
四国食べる通信	四国4県	株式会社四国食べる通信	http://taberu.me/shikoku/	ポン真鍋
東松島食べる通信	宮城県東松島市	有限会社グループフローラ	http://taberu.me/higamatsu/	太田将司
稲花 - 食べる通信 from 新潟 -	新潟県新潟市	有限会社フルーヴ	http://taberu.me/ineca/	手塚貴子
神奈川食べる通信	神奈川県	有限会社 まごころフードシステム	http://taberu.me/kanagawa/	赤木徳顕
山形食べる通信	山形県	株式会社まんまーる	http://taberu.me/yamagata/	松本典子
下北半島食べる通信	青森県下北半島	一般社団法人くるくる佐井村	http://taberu.me/shimokita/	園山和徳
北海道食べる通信	北海道	株式会社グリーンストーリープラス	http://taberu.me/hokkaido/	林 真由
加賀能登食べる通信	石川県	株式会社A3	http://taberu.me/kaganoto/	羽喰亜紀子
兵庫食べる通信	兵庫県	株式会社兵庫食べる通信	http://taberu.me/hyogo/	光岡大介
高校生が伝えるふくしま食べる通信	福島県	一般社団法人福島復興ソーラー・アグリ体験交流の会	http://taberu.me/koufuku/	椎根里奈（事務局長）
築地食べる通信	築地市場	株式会社テレビ東京コミュニケーションズ	http://taberu.me/tsukiji/	吉澤 有（発行人）
伊豆食べる通信	伊豆半島	特定非営利活動法人NPOサプライズ	http://taberu.me/izu/	飯倉清太

名称	特集地域	発行団体	ホームページ	編集長
くまもと食べる通信	熊本県	株式会社E	http://taberu.me/kumamoto/	林 信吾（代表）
大槌食べる通信	岩手県大槌町	大槌食べる通信実行委員会	http://taberu.me/otsuchi/	吉野和也
綾里漁協食べる通信	大船渡市三陸町綾里	綾里漁業協同組合	http://taberu.me/ryouri/	佐々木伸一
そうま食べる通信	福島県相双地区	一般社団法人そうま食べる通信	http://taberu.me/soma/	小幡広宣 菊地基文
魚沼食べる通信	新潟県魚沼地域	一般財団法人魚沼市地域づくり振興公社	http://taberu.me/uonuma/	井上円花
奈良食べる通信	奈良県	株式会社エヌ・アイ・プランニング	http://taberu.me/nara/	福吉貴英
水俣食べる通信	熊本県水俣市	諸橋賢一	http://taberu.me/minamata/	諸橋賢一
長島大陸食べる通信	鹿児島県長島町	株式会社JFA	http://taberu.me/nagashima/	井上貴至
伊勢志摩食べる通信	伊勢志摩地方	ザ・エイチアンドエム株式会社伊勢志摩食べる通信事業部	http://taberu.me/iseshima/	竹内千尋
やまぐち食べる通信	山口県	和田幸子	http://taberu.me/yamaguchi/	和田幸子
備中食べる通信	岡山県備中地域	株式会社浅原青果	http://taberu.me/bicchu/	浅原真弓
つくりびと - 食べる通信 from おおさか -	大阪府	株式会社 Food Story	http://taberu.me/tsukuribito/	山口沙弥佳
ひろしま食べる通信	広島県	株式会社中本本店	http://taberu.me/hiroshima/	梶谷剛彦
SAGA食べる通信	佐賀県	NPO法人 Succa Senca	http://taberu.me/saga/	横尾隆登

名称	特集地域	発行団体	ホームページ	編集長
高千穂郷食べる通信	宮崎県高千穂郷	高千穂アカデミー	http://taberu.me/takachihogo/	板倉哲男
おきなわ食べる通信	沖縄県	株式会社マーケティングフォースジャパン	http://taberu.me/okinawa/	唐木 徹 長嶺哲成
ポタジェ～食べる通信 from 埼玉～	埼玉県	一般社団法人埼玉を食べる	http://saitama-taberu.net/	安部邦昭
たべあきない -食べる通信 from あきた-	秋田県	株式会社 交宣	http://taberu.me/tabeakinai/	芳賀洋介
京都食べる通信	京都府	UDS株式会社	http://taberu.me/kyoto/	大西梨加
淡路島食べる通信	淡路島	株式会社淡路島本舗	http://taberu.me/awajishima/	森 和也

編集協力／神山典士

高橋博之（たかはしひろゆき）
「東北食べる通信」編集長。一般社団法人「日本食べる通信リーグ」代表理事。2013年に特定非営利活動法人「東北開墾」を立ち上げ、食べ物つき情報誌「東北食べる通信」編集長に就任。'16年7月現在、全国34地域の「食べる通信」が刊行されている。2014年度グッドデザイン金賞受賞。'16年、日本サービス大賞（地方創生大臣賞）受賞。
「食べる通信」ホームページ http://taberu.me

都市《とし》と地方《ちほう》をかきまぜる　「食《た》べる通信《つうしん》」の奇跡《きせき》

2016年8月20日初版1刷発行
2017年1月15日　　2刷発行

著　者 —— 高橋博之
発行者 —— 田邉浩司
装　幀 —— アラン・チャン
印刷所 —— 堀内印刷
製本所 —— ナショナル製本
発行所 —— 株式会社光文社
東京都文京区音羽1-16-6（〒112-8011）
http://www.kobunsha.com/
電　話 —— 編集部03(5395)8289　書籍販売部03(5395)8116
業務部03(5395)8125
メール —— sinsyo@kobunsha.com

 ISBN 978-4-334-03936-3
JASRAC 出 1608912-601